RECHERCHES

SUR

L'ÉLECTRICITÉ

PAR

GASTON PLANTÉ

Licencié ès sciences physiques,
Ancien Professeur de Physique à l'Association Polytechnique,
Lauréat de l'Institut (Académie des sciences),
Membre correspondant de l'Académie royale des sciences de la Havane,
Membre de l'*American philosophical Society* de Philadelphie, etc.

de 1859 à 1879

AVEC 89 FIGURES DANS LE TEXTE

OUVRAGE RÉIMPRIMÉ
SUR LE TEXTE DE LA PREMIÈRE ÉDITION PUBLIÉE
EN FÉVRIER 1879 ET COMPRENANT LES DEUX FASCICULES
SUPPLÉMENTAIRES PUBLIÉS PAR L'AUTEUR
EN OCTOBRE 1879.

PARIS

GAUTHIER-VILLARS, IMPRIMEUR-LIBRAIRE

DU BUREAU DES LONGITUDES, DE L'ÉCOLE POLYTECHNIQUE

55, Quai des Grands-Augustins, 55

1883

GASTON PLANTÉ
Physicien français
1834-1889

INTRODUCTION

A L'ÉDITION DU CENTENAIRE DE GASTON PLANTÉ.

Sous les auspices de la Société française des Électriciens, un Comité d'organisation a été institué en 1933 pour la célébration en 1934 du Centenaire de la naissance du grand physicien français Gaston PLANTÉ.

Ce Comité comprenant :

M. L. JUMAU, Ingénieur, Président ;

M. P. LANGEVIN, Président de la Société française des Électriciens ;

M. Paul JANET, Membre de l'Institut, Président d'honneur de la Société française des Électriciens ;

M. GROSSELIN, Délégué général de la Société française des Électriciens ;

M. H. CHAUMAT, Ancien Président de la Société française des Électriciens ;

M. R. DE VALBREUZE, Ancien Président de la Société française des Électriciens ;

M. C. DUVAL, Trésorier de la Société française des Électriciens ;

M. P. GODBILLE, Président du Syndicat des fabricants d'accumulateurs, Trésorier ;

M. A. Dinin, Président d'honneur du Syndicat des fabricants d'accumulateurs;

M. G. Silz, Président d'honneur du Syndicat des fabricants d'accumulateurs;

a décidé, dans sa séance du 8 décembre 1933, de rééditer l'ouvrage de Gaston Planté : *Recherches sur l'Électricité*, pour l'offrir aux principaux souscripteurs de la célébration du Centenaire.

Le Comité ne doute pas que ce don sera particulièrement apprécié, car cet ouvrage remarquable est actuellement introuvable. Il constitue un document historique de la plus grande importance, spécialement en ce qui concerne la découverte de l'accumulateur électrique par Gaston Planté et l'utilisation qu'il fit de cet appareil, combiné à la machine rhéostatique, pour l'étude des décharges à tension élevée.

Le Comité de célébration du Centenaire
de Gaston Planté (juin 1934).

RECHERCHES

SUR

L'ÉLECTRICITÉ

RECHERCHES

SUR

L'ÉLECTRICITÉ

PAR

GASTON PLANTÉ

Licencié ès sciences physiques,
Ancien Professeur de Physique à l'Association Polytechnique,
Lauréat de l'Institut (Académie des sciences),
Membre correspondant de l'Académie royale des sciences de la Havane,
Membre de l'*American philosophical Society* de Philadelphie, etc.

de 1859 à 1879

AVEC 89 FIGURES DANS LE TEXTE

OUVRAGE RÉIMPRIMÉ
SUR LE TEXTE DE LA PREMIÈRE ÉDITION PUBLIÉE
EN FÉVRIER 1879 ET COMPRENANT LES DEUX FASCICULES
SUPPLÉMENTAIRES PUBLIÉS PAR L'AUTEUR
EN OCTOBRE 1879.

PARIS

GAUTHIER-VILLARS, IMPRIMEUR-LIBRAIRE

DU BUREAU DES LONGITUDES, DE L'ÉCOLE POLYTECHNIQUE

55, Quai des Grands-Augustins, 55

1883

A Sa Majesté

DON PEDRO D'ALCANTARA

Empereur du Brésil,

*Associé étranger de l'Académie des Sciences
de l'Institut de France*

———

Sire,

*Je prie Votre Majesté de daigner agréer la dédicace de
ce livre comme un faible témoignage de ma profonde recon-
naissance.*

*Vous avez été le premier à encourager mes travaux. Après
avoir assisté, en 1872, à mes expériences sur les courants
secondaires, au Conservatoire des Arts et Métiers, Votre
Majesté a bien voulu, en 1877, honorer deux fois de sa visite
mon laboratoire de la rue de la Cerisaie, dans ce quartier
du vieux Paris où les noms d'Henri IV et de Sully sont
encore vivants.*

Cent soixante ans auparavant, Pierre le Grand venait

y habiter l'hôtel Lesdiguières, et, vers la fin du dernier siècle, l'illustre Franklin assistait, dans l'hôpital des Célestins, à des expériences d'électricité.

La présence, dans ces mêmes lieux, de Votre Majesté, poursuivant son enquête sur tous les progrès utiles à l'humanité, ajoutera une nouvelle page à nos anciennes traditions et un précieux souvenir qui sera conservé.

Je suis,

   avec le plus profond respect,

      Sire,

de Votre Majesté,

   le très humble et très obéissant serviteur,

GASTON PLANTÉ.

PRÉFACE.

Ce livre renferme les principaux résultats des
Recherches que nous avons présentées à l'Académie
des Sciences ou publiées dans divers recueils scientifiques, de 1859 à 1879.

Il est divisé en six parties.

La première comprend la description des expériences et des appareils que nous avons fait connaître pour *accumuler* ou *transformer*, à l'aide des
courants secondaires, la force de la pile voltaïque.

La seconde partie contient l'exposé des explications qui en ont été faites et de quelques autres qui
peuvent être réalisées.

La troisième partie est relative aux phénomènes
que nous avons observés avec des courants électriques de haute tension, obtenus par les moyens
décrits dans la première partie.

La quatrième partie traite des analogies que ces
effets nous ont paru présenter avec plusieurs grands
phénomènes naturels et des conséquences que nous
en avons tirées pour l'explication de ces phénomènes.

La cinquième partie renferme la description et
l'étude des effets d'un nouvel appareil, à l'aide
duquel nous sommes parvenu à transformer, d'une

manière aussi complète que possible, l'électricité dynamique en électricité statique, et que nous avons désigné sous le nom de *machine rhéostatique*.

La sixième partie est consacrée à l'énumération succincte des analogies que les phénomènes électriques (particulièrement ceux que nous avons observés avec des courants de haute tension) présentent avec les effets produits par des actions mécaniques, et à l'exposé des conséquences que nous en avons tirées sur la nature de l'électricité.

Le lecteur qui n'admet que les déductions rigoureuses des faits pourra laisser de côté la quatrième partie, où l'induction a une large part.

Nous n'avons pas cru toutefois devoir passer sous silence quelques-unes des idées auxquelles nous ont conduit les résultats de nos expériences et les analogies apparentes ou réelles qu'elles présentent avec les phénomènes naturels. On reproche souvent aux auteurs de n'avoir pas compris la portée des faits qu'ils ont observés ou de n'avoir pas aperçu les conséquences théoriques et les applications auxquelles ils peuvent donner lieu. Nous avons cherché à échapper à ce reproche qui, du reste, n'est pas toujours fondé; car il est rare que celui qui a assez patiemment interrogé la nature pour observer des faits nouveaux n'ait pas médité aussi sur leurs conséquences, et, comme la nature se retrouve tout entière dans chacune de ses manifestations, il est difficile que l'investigateur ne soit pas porté à généraliser les résultats de ses observations. Cette tendance devient, sans doute, un autre écueil dans lequel il peut tomber; cependant la science ne saurait perdre, croyons-nous, à ces généralisations ou aux hypothèses qu'elles entraînent, du moment qu'elles ne reposent point sur un pur travail de l'imagination, mais qu'elles sont inspirées par l'observation attentive des faits, et qu'on les présente, d'ailleurs, avec réserve, sans les ériger en doctrine, sans affirmer qu'elles soient la vérité.

C'est ce que nous avons tâché de faire, et, pour suivre l'exemple de l'un des plus grands penseurs des siècles passés, nous dirons humblement, en publiant ces recherches : « *Quæro, Pater, non affirmo* [1]. »

[1] Saint Augustin.

RECHERCHES

SUR

L'ÉLECTRICITÉ

PREMIÈRE PARTIE.

SUR L'ACCUMULATION ET LA TRANSFORMATION DE LA FORCE DE LA PILE VOLTAÏQUE A L'AIDE DES COURANTS SECONDAIRES.

CHAPITRE PREMIER.

RECHERCHES SUR LES COURANTS SECONDAIRES.

Courants secondaires. — Polarisation voltaïque. — Étude des courants secondaires produits par divers voltamètres. — Conclusions.

1. Les courants secondaires ont été observés, au commencement du siècle, peu de temps après la découverte de la pile de Volta.

Gautherot, physicien français, reconnut le premier, en 1801 [1], que des fils de platine ou d'argent qui avaient servi à décomposer l'eau salée par la pile jouissaient de la propriété de donner, après avoir été détachés de la pile elle-même, un courant électrique de courte durée.

[1] *Mémoires des Sociétés savantes et littéraires de la République française*, 1801.

Ritter ([1]) fit, à Iéna, la même observation avec des fils d'or, et construisit la première pile secondaire, en superposant une série de pièces d'or séparées par des rondelles de drap humectées d'une dissolution saline. Inactive par elle-même, cette pile, après avoir été soumise à l'action d'une pile de Volta d'un nombre de couples supérieur à celui dont elle était composée, pouvait donner, pendant quelques instants, un courant de sens opposé à celui de la pile voltaïque. Ce courant reçut le nom de *courant secondaire*.

Ritter varia la nature du métal, le nombre et la surface des plaques composant la pile secondaire. Il employa le platine, le cuivre, le laiton, le fer, le bismuth, et trouva que l'or, le platine et l'argent donnaient un courant secondaire plus fort que tous les autres métaux. Il remarqua que le carbure de fer et le peroxyde de manganèse donnaient des effets encore plus marqués, mais il n'obtint aucun effet avec le plomb, l'étain et le zinc ([2]).

Les piles secondaires que Ritter employa plus particulièrement dans ses expériences étaient formées de disques de cuivre séparés par des rondelles de drap humectées d'eau salée ou de sel ammoniac. En chargeant une pile secondaire à colonne de 5o disques de cuivre, à l'aide d'une pile voltaïque zinc et cuivre de 100 couples, il obtint la décomposition de l'eau, diverses actions chimiques ou physiologiques et, en général, tous les effets que produisent les piles ordinaires.

Toutefois les piles secondaires de Ritter, par suite des inconvénients résultant de leur disposition sous forme de

---

([1]) *Voir* Exposé des Travaux de Ritter, par ŒRSTED, *Journal de Physique*, t. LVII, 18o3, p. 345.

([2]) Nous expliquerons plus loin (22) pourquoi Ritter n'observa aucun effet avec le plomb, métal dont nous avons fait, au contraire, exclusivement usage pour obtenir de puissants courants secondaires.

colonne ou de couronne de tasses, comme celle que l'on donnait à la pile voltaïque elle-même à cette époque, par suite également de la courte durée des courants qu'elles produisaient et de la nécessité d'employer, pour les charger, une pile d'un nombre d'éléments supérieur, ne purent être appliquées avantageusement aux recherches scientifiques ni à l'industrie.

2. Le courant secondaire produit par les piles de Ritter fut expliqué par Volta, Marianini et Becquerel, qui démontrèrent que ce courant provenait de la formation de dépôts acides et basiques, sur les disques métalliques, par suite de la décomposition, sous l'influence du courant primaire, du sel imprégnant les rondelles humides.

Becquerel, en particulier, montra clairement la production d'un courant électrique par l'action réciproque d'un acide et d'une base, en entourant deux lames de platine, l'une d'une solution acide, l'autre d'une solution basique, réunies par un conducteur humide. Il se formait ainsi un élément de pile, dont la lame plongeant dans la solution acide constituait le pôle positif, et la lame plongeant dans la solution basique formait le pôle négatif. Le sens du courant de la pile secondaire se trouvait ainsi expliqué, ce sens étant tel que le disque mis en communication avec le pôle positif de la pile primaire est lui-même le pôle positif de la pile secondaire.

3. Vers 1826, l'attention fut appelée de nouveau par de la Rive sur le courant secondaire provenant des lames de platine d'un voltamètre rempli, non pas d'une dissolution saline, mais d'eau faiblement acidulée par l'acide sulfurique, ou même d'eau distillée.

La présence de dépôts acides ou basiques ne pouvant plus être invoquée dans ce cas, on attribua d'abord le courant secondaire à un effet simplement physique produit

par le courant primaire, à une *polarisation* particulière
des lames sous son influence, et ce courant reçut le nom
de *courant de polarisation.*

4. Cette dénomination est restée en usage dans la science;
mais on a trouvé, depuis, que les gaz développés, même
en quantité très petite, autour des lames, devaient être
la cause du courant; car Matteucci obtint un courant
avec des lames de platine préalablement plongées dans
les gaz oxygène et hydrogène, et M. Grove constitua une
pile à gaz, en réunissant un certain nombre d'éléments
formés de lames de platine plongeant à la fois dans l'eau
acidulée et dans des éprouvettes d'oxygène et d'hydrogène.
Cette pile n'était pas naturellement bien énergique, elle
permettait néanmoins d'obtenir la décomposition de l'eau
et, par suite, elle offrait un curieux cercle voltaïque, la
synthèse et l'analyse de l'eau rendues visibles, à la fois,
dans la même expérience : la synthèse, produisant le courant
voltaïque et manifestée par l'absorption graduelle du gaz
dans les éprouvettes; — l'analyse, produite par le passage
du courant dans le circuit extérieur et mise en évidence
par le dégagement des gaz oxygène et hydrogène dans
un voltamètre.

5. La polarisation voltaïque a été, depuis, l'objet d'inté-
ressants travaux de la part d'un grand nombre de physiciens, notamment de Faraday, Wheatstone, Schœnbein,
Poggendorff, Buff, von Beetz, Svanberg, Lenz et Saweljew,
Edmond Becquerel, du Moncel, Gaugain, etc.

Ces travaux ont eu, en général, pour objet l'étude ou
la mesure du courant secondaire obtenu avec des électrodes de platine. Cependant nous rappellerons que M. Sinsteden [1], dans un Mémoire sur les effets d'un appareil

_____

[1] SINSTEDEN, *Recherches sur le degré de force et de continuité du
courant d'un grand appareil magnéto-électrique de rotation* (*Annales de
Poggendorff*, t. XCII, 1854, p. 16).

magnéto-électrique, ayant fait agir incidemment le courant de cet appareil sur des voltamètres à lames de plomb, d'argent et de nickel, a obtenu, avec ces métaux, des courants secondaires assez intenses pour porter à l'incandescence des fils métalliques.

6. **Étude des courants secondaires produits par divers voltamètres.** — Les recherches que nous avons entreprises, à notre tour, sur ce sujet, en 1859 ([1]), ont eu particulièrement pour but de comparer les courants secondaires produits par des voltamètres de divers métaux dans

Fig. 1.

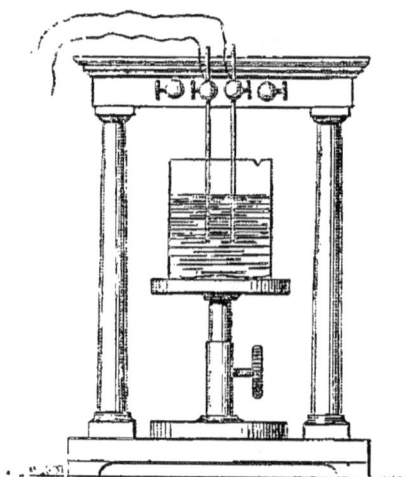

divers liquides, en les observant directement après la rupture du courant primaire, et d'étudier, en même temps,

---

([1]) *Recherches sur la polarisation voltaïque* (*Comptes rendus*, t. XLIX, 1859, p. 402); *Bibliothèque universelle de Genève*, t. VII, 1860, p. 292.

De nouvelles recherches sur la polarisation ont été encore faites, depuis cette époque, par MM. du Bois-Reymond, Crova, Raoult, Thomsen, Paalzow, Patry, Parnell, Branly, Thayer, Lippmann, Bernstein, Fleming, Colley, Hankel, etc.

les détails des phénomènes qui se manifestent dans ces voltamètres, au point de vue du développement du courant secondaire.

La figure 1 représente le voltamètre ou voltascope employé. Cet appareil était disposé de manière à permettre de suivre facilement les effets produits autour des électrodes. On avait soin de bien l'éclairer, et on le regardait par transparence. Il pouvait recevoir 4 fils, pour étudier, dans certains cas, la part prise par chaque électrode à la production du courant secondaire.

On se plaçait toujours dans les mêmes conditions, en employant des fils de même diamètre, plongeant de la même quantité, également écartés, et on les soumettait, pendant le même temps, à l'action du courant primaire.

Un communicateur-interrupteur à bascule et à mercure (*fig.* 2), analogue au commutateur d'Ampère, fermait le

Fig. 2.

circuit secondaire passant par SS', au moment où l'on interrompait le circuit primaire PP'.

La figure 3 indique la disposition de l'ensemble des appareils. P est la pile primaire composée de 2 à 4 couples de Bunsen, I le communicateur, V le voltascope.

En G, se trouvait un galvanomètre ou une boussole des sinus, permettant de suivre les variations de l'intensité du courant primaire à mesure que la polarisation se développait dans le voltamètre.

La polarisation maximum était assez rapidement obtenue, les fils métalliques ne présentant qu'une très petite surface, et le circuit de la boussole étant à fil court, de manière à n'offrir qu'une faible résistance.

En G_1, G_2, G_3 étaient placés trois galvanomètres de sensibilité différente pour l'observation du courant secondaire. L'un de ces galvanomètres était remplacé par une boussole des sinus, quand on voulait mesurer les intensités, et que les indications des deux autres galvanomètres avaient donné une première idée approximative de la force du courant secondaire.

Ce courant n'ayant, dans certains cas, qu'une très courte

Fig. 3.

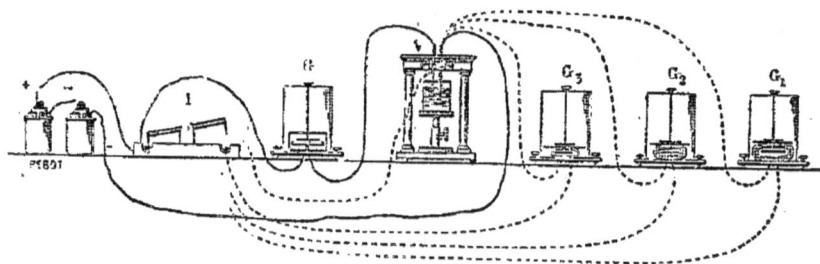

durée, on observait la déviation en plaçant d'avance un arrêt derrière l'aiguille en un point très voisin du degré maximum qu'elle pouvait atteindre et que l'on déterminait approximativement par plusieurs expériences préalables. On avançait ensuite cet arrêt jusqu'à ce que l'aiguille ne fît plus qu'un petit mouvement de $0°,5$ environ au delà dès qu'on fermait le circuit secondaire.

7. Nous avons reconnu ainsi que l'ordre dans lequel les métaux employés comme électrodes d'un voltamètre à eau acidulée par l'acide sulfurique pouvaient être rangés, au point de vue de l'intensité du courant secondaire observé, immédiatement après la rupture du courant primaire, n'était point exactement inverse de l'ordre dans lequel ces mêmes métaux se trouvaient rangés au point de vue de l'intensité du courant primaire traversant le voltamètre, ce qui aurait eu lieu si la tendance à la produc-

tion d'un courant secondaire, ou la force électromotrice de polarisation, comme on la désigne ordinairement, était la seule ou la principale cause d'affaiblissement du courant primaire.

Ainsi, pour en citer l'exemple le plus démonstratif, nous avons observé que le voltamètre à électrodes d'aluminium est celui qui affaiblit le plus l'intensité du courant primaire, car il finit même par intercepter presque complètement le passage au bout d'un certain temps (¹). Ce métal se trouverait, par conséquent, placé le dernier sur la liste des métaux rangés par ordre d'intensité du courant primaire traversant des voltamètres. Si la cause de l'affaiblissement du courant primaire n'était due qu'à la force électromotrice secondaire, l'aluminium devrait donc donner le plus fort courant secondaire, et se trouver, par suite, placé le premier sur la liste des métaux rangés suivant l'intensité du courant secondaire qu'ils donnent dans les voltamètres. Or, il n'en est pas ainsi, et l'aluminium se trouve également donner un courant secondaire plus faible que celui de tous les autres métaux. Cela vient de ce que d'autres causes, souvent plus influentes que le courant secondaire lui-même, telles que la formation d'une couche d'oxyde au pôle positif, son insolubilité, son défaut de conductibilité, les gaines de liquide provenant de l'action du métal sur l'électrolyte à l'un ou à l'autre pôle, etc., contribuent aussi à l'affaiblissement du courant primaire.

C'est ce qui est résulté de l'examen attentif que nous avons fait des phénomènes qui se passent dans des voltamètres composés de divers métaux et de divers liquides (²).

(¹) *Comptes rendus*, t. XLIX, 1859, p. 403.

(²) M. GAUGAIN, dans un travail sur la force électromotrice secondaire des lames de platine des voltamètres (*Comptes rendus*, t. XLI, 1855, p. 1165), a fait ressortir l'intérêt qu'il y avait à étudier les effets de cette force après l'électrolyse, c'est-à-dire après l'action du courant primaire. M. Gaugain avait conclu que la diminution d'intensité

8. **Voltamètre à fils de cuivre.** — Le cuivre présente, dans un voltamètre, une série de phénomènes qui montrent nettement l'influence exercée par l'oxydation du métal au pôle positif, et par l'action plus ou moins dissolvante du liquide qui l'entoure sur l'intensité du courant primaire.

Si l'on fait passer, dans un voltamètre à fils de cuivre et à eau acidulée par l'acide sulfurique, le courant d'un ou deux couples de Bunsen, on observe trois périodes bien distinctes :

1º Aussitôt que les communications sont établies, le fil positif noircit sans dégager de gaz, le fil négatif donne un abondant dégagement de gaz hydrogène, et le galvanomètre accuse une forte déviation (*fig. 4*);

2º Le dégagement d'hydrogène diminue et s'arrête un instant presque complètement. L'aiguille du galvanomètre revient très près de 0º. Cette période correspond à la formation de l'épaisseur maximum de la couche d'oxyde de cuivre autour du pôle positif (*fig. 5*);

3º Le courant étant arrêté, la dissolution de l'oxyde de cuivre commence; le fil positif se dépouille de la plus grande partie de la couche d'oxyde qui l'enveloppe, et donne naissance à un écoulement de sulfate de cuivre sous la forme d'un filet liquide bleuâtre et dense, allant gagner la partie inférieure du vase. En même temps, le dégagement d'hydrogène reprend sur le fil négatif; mais il est moins abondant que pendant la première période (*fig. 6*). La déviation du galvanomètre augmente également, mais elle est loin d'atteindre la déviation primitive.

Le courant ayant repris une certaine intensité, il semble

---

qui résulte de la présence d'un électrolyte dans un circuit voltaïque est un phénomène beaucoup plus complexe qu'on ne l'avait supposé jusqu'alors.

qu'une nouvelle couche d'oxyde devrait se déposer sur le fil, et alors les phénomènes d'arrêt et de reprise se manifesteraient indéfiniment, tant que durerait le passage du courant principal. Mais la couche de sulfate de cuivre, formée autour du fil, produit, en s'écoulant, un mouvement qui empêche l'oxyde d'adhérer en couche épaisse, et lui permet de se dissoudre en grande partie à mesure

Fig. 4. Fig. 5. Fig. 6.

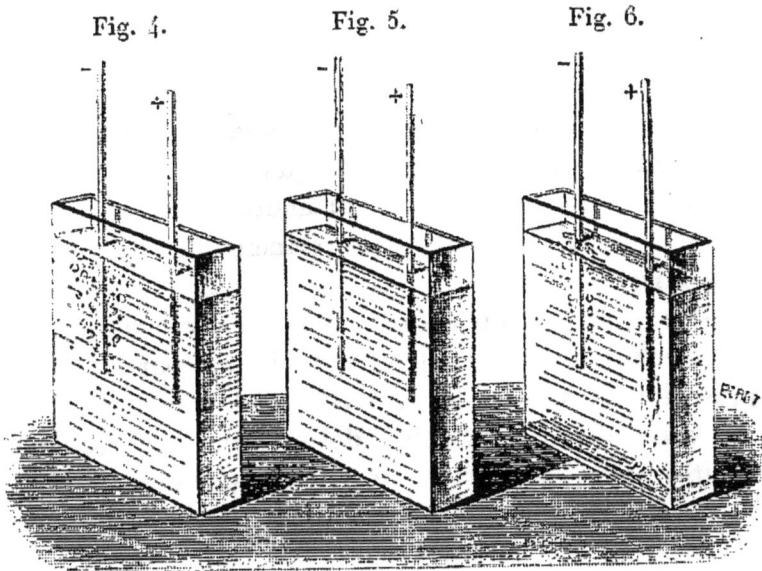

qu'il se forme. Le fil positif, une fois dépouillé de la première couche d'oxyde formée, ne paraît plus s'en recouvrir, et le cuivre continue de se dissoudre sans que la phase de l'oxydation préalable soit visible. Le métal n'est que légèrement terni.

L'intensité du courant pendant la troisième période est réduite au 1/6e environ de celle qu'on observe dans les premiers instants ; elle résulte de l'équilibre entre deux actions qui tendent à se produire presque simultanément : la formation d'un oxyde mauvais conducteur, sous l'influence sans cesse agissante du courant, et la dissolution de cet oxyde par l'eau acidulée du voltamètre.

Toutefois cette proportion entre l'intensité primitive et l'intensité finale ne se maintient pas toujours la même; elle varie beaucoup suivant la durée de l'expérience; car le liquide se chargeant peu à peu de sulfate de cuivre, le fil négatif se couvre de cuivre réduit et pulvérulent; la conductibilité du voltamètre s'accroît par suite de ce dépôt, et l'intensité du courant primaire tend naturellement à augmenter.

9. Le courant secondaire, essayé aussitôt après chacune de ces trois périodes, a présenté sensiblement la même intensité; ce qui montre que les variations d'intensité si marquées du courant primaire, dont il vient d'être question, ne dépendent point principalement du courant secondaire.

Ce courant est, du reste, très faible avec un voltamètre à électrodes de cuivre et à eau acidulée par l'acide sulfurique. Pour en mesurer la force électromotrice, de même que celle des voltamètres de quelques autres métaux, aussitôt après la rupture du courant primaire, nous avons employé la balance électromagnétique de M. Becquerel, en déterminant, par une série d'essais successifs, le poids qu'il convient de mettre à l'avance dans les plateaux pour que le courant secondaire produise encore, pendant le premier instant de son passage, un petit mouvement du fléau de la balance.

Nous avons trouvé ainsi que la force électromotrice du courant secondaire fourni par un voltamètre à fils de cuivre et à eau acidulée par l'acide sulfurique, aussitôt après la rupture du courant primaire, n'était égale qu'à $1/10^e$ environ de celle de l'élément de Daniell.

10. Si, pendant le passage du courant primaire à travers un voltamètre à fils de cuivre et à eau acidulée par l'acide sulfurique, lorsque l'intensité est réduite à celle

de la troisième période, on agite le fil positif, le dégagement d'hydrogène devient plus abondant sur l'autre fil; le courant primaire augmente et se maintient constant à un degré d'intensité, pendant tout le temps que dure l'agitation. L'effet de l'agitation est d'écarter la couche de liquide salin qui entoure le fil, et de favoriser la dissolution de l'oxyde de cuivre par l'eau acidulée, au fur et à mesure qu'il se forme. Cette couche est donc une cause importante de l'affaiblissement du courant primaire, et plus influente, dans le cas dont il s'agit, que la tendance du voltamètre à produire un courant secondaire; car ce dernier courant, loin d'être plus faible, à la suite de l'agitation du voltamètre, augmente aussi d'intensité. Ce fait est dû à ce que, pendant l'agitation, le sulfate de cuivre formé se répand rapidement dans le liquide du voltamètre; le fil négatif se couvre, ainsi qu'il a été dit plus haut (8), d'un dépôt de cuivre réduit pulvérulent, et ce fil, ainsi modifié, se trouve dans un état favorable pour la production d'un courant secondaire plus intense, comme nous l'expliquerons plus loin, en détail (52), en traitant des actions chimiques dans les couples secondaires à lames de plomb.

Quant à l'agitation du fil négatif d'un voltamètre à fils de cuivre, elle n'a aucune influence; car elle ne fait qu'agiter un peu plus le liquide, naturellement mis en mouvement par les bulles de gaz qui se dégagent autour du fil, et le liquide n'exerce d'ailleurs aucune action par lui-même sur le fil négatif.

11. Si, au lieu d'eau acidulée par l'acide sulfurique, on emploie, dans un voltamètre à fils de cuivre, de l'acide sulfurique concentré, la couche d'oxyde formée au pôle positif ne se dissout point et préserve de toute attaque le métal sous-jacent, qui reste inaltéré sous l'influence du courant. Le sulfate de cuivre ($CuO, SO^3, 5HO$) ne peut se

former, ne trouvant pas dans le voltamètre à acide sulfurique concentré l'eau nécessaire à sa constitution. Le courant, dans le circuit duquel est interposé le voltamètre, se réduit peu à peu à zéro par la résistance à la conductibilité de l'oxyde formé.

12. **Voltamètre à fils d'argent.** — Les phénomènes observés dans un voltamètre à fils de cuivre se reproduisent, avec quelques modifications, dans un voltamètre à fils d'argent. On observe les trois périodes de maximum, de minimum et de reprise du courant, surtout en n'employant qu'un couple de Bunsen comme source de courant primaire. Le fil positif devient d'un gris foncé ou noircit; mais la période de diminution ne dure que très peu de temps, en sorte qu'elle est plus difficile à saisir qu'avec le cuivre. Le fil positif ne se dépouille pas complètement de la couche d'oxyde, au fur et à mesure qu'elle se forme; il en reste couvert, malgré l'écoulement du liquide salin.

Le courant secondaire est beaucoup plus intense qu'avec le cuivre; mais il est également de courte durée, par suite de la dissolution spontanée dans le liquide de la couche d'oxyde qui constitue la cause principale du courant secondaire, comme cela résulte des observations ci-après.

13. Un phénomène qu'on ne peut apercevoir avec le cuivre se manifeste avec l'argent. Quand on interrompt le courant principal, le fil positif, qui a conservé à sa surface un faible dépôt d'oxyde, donne naissance à un dégagement de gaz, alors même que le circuit n'est pas fermé. Ce dégagement provient d'un couple local constitué entre la surface oxydée du fil et la partie métallique sous-jacente. On sait que les dépôts électrochimiques, surtout de cette nature, sont facilement pénétrables. Le liquide baigne donc à la fois le métal et l'oxyde; l'oxyde disparaît bientôt

et laisse voir le fil d'argent à l'état métallique. Si, alors seulement, on ferme le circuit secondaire, on n'observe pas de courant.

Ce fait montre que le courant secondaire doit surtout provenir de l'action chimique produite sur le fil positif.

Pour le vérifier, on plonge dans le voltamètre un troisième fil d'argent qui n'est pas destiné à être traversé par le courant primaire. On le dispose de telle sorte qu'au moment où l'on ferme le circuit secondaire, il se trouve associé au fil positif oxydé, tandis que le fil négatif reste en dehors du circuit. Or, on observe que le courant secondaire présente à peu près la même intensité qu'avec les deux fils soumis à l'action du courant. Le fil négatif ne contribue donc pas sensiblement à la production du courant secondaire.

14. Les effets observés, en faisant intervenir l'agitation dans un voltamètre à fils d'argent, sont les mêmes que ceux que présente un voltamètre à fils de cuivre. Le sel d'argent dissous se répand dans la liqueur; le fil négatif se couvre d'un dépôt métallique pulvérulent, et le courant secondaire se trouve notablement augmenté.

15. Dans un voltamètre à fils d'argent et à acide sulfurique concentré, le fil d'argent positif s'oxyde et se dissout peu à peu, à l'inverse de ce qui se passe avec le cuivre dans le même liquide (11). Cela s'explique par la composition chimique du sulfate d'argent (AgO, SO^3) dans lequel il n'entre point d'eau en combinaison.

16. **Voltamètre à fils d'étain.** — Les trois périodes sont très nettement marquées avec ce métal. Le fil positif noircit et donne naissance à un abondant écoulement de sulfate de protoxyde d'étain. Le courant secondaire, quoique moins fort que celui de l'argent, est néanmoins assez intense. L'agitation produit, comme avec les métaux

précédents, une augmentation du courant primaire, un dépôt d'étain sur le fil négatif, et un accroissement du courant secondaire.

17. **Voltamètre à fils de plomb.** — Ce voltamètre ne présente pas les trois phases successives dans l'intensité du courant primaire qu'on observe avec les métaux précédents. Cela vient de ce que le peroxyde formé autour du pôle positif est insoluble et recouvre l'électrode d'une manière permanente, sans disparaître peu à peu dans le liquide, comme les oxydes des métaux déjà étudiés.

Cette adhérence et cette insolubilité du peroxyde de plomb, jointes à son affinité pour l'hydrogène, en raison du degré élevé de son oxydation, contribuent à faire produire, par un voltamètre à électrodes de plomb, un courant secondaire plus intense et de plus longue durée que celui de tous les autres métaux.

18. Le plomb recouvert de peroxyde de plomb se comporte, en effet, dans l'eau acidulée par l'acide sulfurique, d'une manière exactement inverse de celle du zinc dans le même liquide. Il tend à décomposer l'eau, en s'emparant de l'hydrogène, et à devenir le pôle positif d'un couple, si on l'associe à du plomb non oxydé, tandis que le zinc pur tend à décomposer l'eau en s'emparant de l'oxygène, et devient le pôle négatif d'un couple qu'il forme avec un autre métal.

A cette cause de développement d'un courant secondaire par le voltamètre à électrodes de plomb, s'ajoute encore l'effet produit sur le fil ou la lame du pôle négatif, lorsque le circuit du voltamètre est fermé sur lui-même, après le passage du courant primaire.

Sous l'action du courant primaire, la lame de plomb placée au pôle négatif ne subit pas un changement aussi marqué que celle du pôle positif; cependant, comme le plomb est toujours plus ou moins oxydé par son exposition à l'air, elle est ramenée à un état métallique plus parfait par l'hydrogène éminemment réducteur de la pile, et sa nuance passe du gris bleuâtre à un gris blanc beaucoup plus clair.

Lorsqu'on ferme ensuite le circuit secondaire, l'eau étant décomposée à l'intérieur du couple, en même temps que l'hydrogène se porte sur la lame peroxydée, l'oxygène se porte sur la lame maintenue précédemment métallique par le courant primaire et l'oxyde légèrement. Cette oxydation est même visible; car la lame de plomb négative se ternit immédiatement, dès qu'on ferme le circuit secondaire. Une lame de plomb, seule ou associée à une autre lame de plomb identique, ne s'oxyderait pas ainsi dans l'eau acidulée par l'acide sulfurique et ne donnerait naissance à aucune force électromotrice, pas plus que le zinc pur ou amalgamé, dans les mêmes conditions. Mais, de même que la liaison du zinc pur ou amalgamé avec un autre métal moins attaquable, plongeant également dans l'eau acidulée, ou, mieux encore, dans un liquide pouvant se combiner avec l'hydrogène, détermine l'attaque du zinc, et, par suite, le développement d'un courant, de même la liaison d'une lame de plomb ordinaire avec une lame de plomb peroxydée, qui tend à décomposer l'eau en s'emparant de l'hydrogène, détermine en même temps l'oxydation de l'autre lame, et, par suite, le développement d'un supplément de force électromotrice provenant de cette oxydation.

Telle est la double action chimique qui se produit dans un voltamètre à électrodes de plomb, dès qu'on ferme le circuit secondaire, après la rupture du courant primaire, et telle est la double cause du développement du courant secondaire énergique obtenu avec ce métal.

19. Si l'on ne ferme pas le circuit secondaire après la

rupture du courant primaire, il se produit néanmoins, dans le voltamètre, une réaction chimique visible, semblable à celle que nous avons décrite avec l'argent (13). Le fil positif ou la lame positive devient le siège d'un léger dégagement de gaz pendant quelques instants. Ce fait s'explique de la même manière, par l'affinité du peroxyde de plomb pour l'hydrogène, qui détermine la formation d'un couple local entre la surface oxydée et le métal sousjacent, et, par suite, la décomposition de l'eau.

L'action des peroxydes métalliques, comme s'emparant de l'hydrogène transporté sur l'élément électronégatif et pouvant augmenter la force des piles proprement dites, avait été, du reste, observée par Becquerel avec le peroxyde de manganèse, et de la Rive avait obtenu, à l'aide du peroxyde de plomb en poudre, tassé autour du platine ou du charbon, un couple d'une intensité supérieure à celle des couples de Grove ou de Bunsen (¹).

20. Nous avons mesuré, à diverses reprises, la force électromotrice du voltamètre à électrodes de plomb complètement polarisées par une action suffisamment prolongée du courant primaire. Nous avons trouvé, en opérant aussitôt après la rupture de ce courant, qu'elle était approximativement égale à 1,5, celle de l'élément de Bunsen étant prise pour unité (²).

Cette force électromotrice a été mesurée depuis par M. Edmond Becquerel (³), pendant le passage même du courant primaire, en déterminant, par différence, l'affaiblissement produit sur la force électromotrice de la pile par l'interposition du voltamètre à électrodes de plomb. Cette force a été trouvée ainsi égale à 1,41, celle du courant de Bunsen étant 1.

(¹) *Archives de l'Électricité*, t. III, 1843, p. 159.
(²) *Comptes rendus*, t. L, mars 1880, p. 640.
(³) *Annales du Conservatoire*, n° 2, octobre 1860, p. 277.

21. L'agitation de l'une ou l'autre électrode, dans un voltamètre à fils ou à lames de plomb, ne produit pas les effets observés avec les voltamètres précédents, ce qui s'explique facilement, si l'on considère que les effets sont dus à l'écartement des couches liquides provenant de la dissolution des divers métaux, et que le plomb reste ici recouvert d'un oxyde insoluble dans le liquide où il plonge.

22. Si l'on emploie, dans le voltamètre, de l'eau salée au lieu d'eau acidulée par l'acide sulfurique, il se forme, autour du pôle négatif, du chlorure de plomb très peu soluble et très mauvais conducteur, de sorte que le courant primaire se trouve très rapidement affaibli, et le courant secondaire lui-même est beaucoup plus faible que celui qui se produit dans l'eau acidulée par l'acide sulfurique. Nous avons trouvé que la force électromotrice de ce courant, mesurée, comme dans les cas précédents, aussitôt après la rupture du courant primaire, n'était que les $8/100^{es}$ environ de l'élément Bunsen.

Ce résultat explique pourquoi Ritter, qui employait presque toujours l'eau salée comme liquide, n'a pas observé d'effet sensible avec le plomb et n'a pas fait usage de ce métal dans ses piles secondaires.

23. **Voltamètre à fils d'aluminium.** — L'aluminium montre, d'une manière évidente, l'affaiblissement qui peut résulter pour le courant primaire de l'insolubilité et de la résistance de l'oxyde formé dans les voltamètres [1].

Deux couples donnent avec ce métal une forte déviation; mais elle s'anéantit très vite et il ne passe plus qu'un courant très faible. Il en est de même avec quatre couples. On peut prouver facilement que cette diminution est bien

[1] *Comptes rendus*, t. XLIX, 1859, p. 403; *Bibl. univ. de Genève*, t. VII, 1860, p. 292.

due à la mauvaise conductibilité et à l'insolubilité de l'oxyde.

On constate d'abord que, lorsque le courant est très affaibli, si on l'interrompt quelques instants, puis si on le rétablit, il ne regagne point son intensité primitive.

Cela étant, si l'on remplace le fil positif par un fil neuf ou fraîchement décapé, on observe une très forte déviation qui s'annule à son tour.

Le changement du fil négatif ne produit qu'une augmentation à peine sensible.

Le fil positif, enlevé et examiné une fois que la diminution du courant a été produite, n'a pas changé de couleur ni d'aspect, quoiqu'il soit évidemment oxydé. Lavé, essuyé fortement et remis dans le voltamètre, il ne permet pas plus facilement le passage du courant; il faut le décaper au papier de verre pour observer de nouveau une forte déviation momentanée.

L'agitation est sans influence sur l'un ou l'autre fil.

Le courant secondaire est extrèmement faible avec ce métal, en sorte qu'on ne peut pas attribuer à la force électromotrice secondaire la forte diminution du courant primaire ([1]).

24. **Voltamètre à fils de fer et de zinc.** — Nous n'avons point parlé jusqu'ici du courant propre que peut donner le voltamètre, parce que les métaux précédents ne s'attaquent pas sensiblement dans l'eau acidulée. Cependant, alors même que les deux fils sont très bien décapés, ils donnent quelquefois, avec un galvanomètre sensible,

---

([1]) Les propriétés électriques de l'aluminium ont été aussi étudiées par M. Buff, mais particulièrement au point de vue de la passivité de ce métal dans l'acide nitrique, de la manière dont il se comporte, associé dans les couples voltaïques à d'autres métaux, et de sa résistance physique à la conductibilité. (Voir *Annales de Chimie et de Physique*, t. LI, 1857.)

une légère déviation, mais cet effet est négligeable vis-à-vis de ceux que nous avons considérés.

Avec le fer et le zinc, qui s'altèrent rapidement dans l'eau acidulée, la plus légère différence dans l'attaque des deux fils donne un courant assez fort pour qu'on ne puisse plus le négliger; en outre, le sens du courant change à chaque instant, suivant la marche de l'attaque pour chaque fil. On ne peut donc pas déterminer facilement les intensités ni les forces électromotrices des courants secondaires qui tendent à se produire. Il y a toutefois un moyen d'observation qu'on peut employer, pour que les effets soient aussi peu troublés que possible par le courant propre du voltamètre : c'est de ne point plonger les fils à l'avance dans le liquide, et de disposer les communications de telle sorte que le circuit se ferme par l'immersion des fils dans l'eau acidulée. En opérant ainsi, les fils se trouvent immédiatement soumis à l'action du courant primaire, avant d'avoir subi aucune attaque préalable de la part du liquide.

On retrouve alors, surtout avec le fer, les trois phases d'intensité du courant primaire que présentent la plupart des métaux. Le fil positif se ternit et donne naissance à un écoulement de sulfate de fer ou de zinc, sans dégager de gaz. Mais dès qu'on interrompt le circuit, l'action du liquide s'exerce librement sur le métal qui dégage aussitôt de l'hydrogène, et avec d'autant plus de vivacité que sa surface est restée un peu oxydée. Le fil négatif, au contraire, arrivé à un degré plus parfait de métallité, sous l'influence de l'hydrogène de l'électrolyse produite par le courant primaire, reste quelque temps, sans dégager de gaz, au sein du liquide acidulé; mais, peu à peu, il finit nécessairement par s'attaquer. On peut considérer que l'hydrogène de l'électrolyse, en enveloppant le métal et en s'opposant à son oxydation par le liquide pendant le passage du courant primaire, a joué le même rôle que le mercure dans le zinc amalgamé.

Le courant secondaire, essayé en opérant comme il vient d'être dit, est assez énergique et peut être regardé, pendant les premiers instants, comme dû presque entièrement à l'action du courant primaire. Mais l'attaque des électrodes par le liquide lui-même ne tarde pas à mélanger les effets.

25. Voltamètre à fils d'or. — Le fil d'or positif s'oxyde d'une manière visible, sous l'action d'un courant primaire même assez faible (deux éléments de Bunsen), et se recouvre d'un dépôt rougeâtre d'oxyde d'or. Si l'on change le sens du courant, l'oxyde se réduit rapidement par l'hydrogène; le fil noircit sans reprendre l'éclat métallique. Un nouveau changement de sens détermine une nouvelle oxydation plus rapide encore, à cause de l'état divisé du métal, mais il n'est plus possible de distinguer, à son aspect, s'il est oxydé ou réduit.

Le courant secondaire est assez fort, mais peu susceptible d'une mesure directe exacte, à cause de sa courte durée. Contrairement à ce qui se passe avec les autres métaux, il paraît dû, en majeure partie, malgré l'oxydation marquée du fil positif, à l'action de l'hydrogène sur le fil négatif.

On le reconnaît en opérant comme il a été dit plus haut (13), c'est-à-dire en plaçant d'avance, dans le voltamètre, un troisième et un quatrième fil en dehors du circuit principal. Ces fils étant associés successivement avec le fil positif et le fil négatif, aussitôt après l'action du courant primaire, on trouve que le courant secondaire fourni par le fil négatif et l'un des fils non polarisés est supérieur au courant produit par le fil positif et l'autre fil non polarisé. Nous interprétons plus loin (27, 28, 29) ce fait, en traitant du voltamètre à fils de platine qui donne le même résultat.

26. Voltamètre à fils de platine. — Les phénomènes

produits par les voltamètres précédemment étudiés peuvent
aider à rendre compte de ceux que présente le voltamètre
à fils de platine, et dont l'explication n'est pas, du reste,
exempte de difficultés.

Si le courant primaire est fourni par un seul couple de
Grove ou de Bunsen, on sait que l'électrolyse n'a pas lieu,
et que le courant est presque complètement annulé par
l'interposition du voltamètre. Si le courant primaire est
fourni par deux couples, l'électrolyse se produit, et le
courant, après avoir éprouvé une certaine décroissance,
se maintient constant à un degré déterminé, sans passer
par une période voisine de 0°, comme cela a lieu avec
les métaux facilement oxydables. Le platine ne s'oxyde
pas d'une manière visible au pôle positif; cependant le
courant secondaire produit est énergique; il est notablement plus fort que celui du voltamètre à fils d'or; mais,
comme ce dernier, il est de trop courte durée pour qu'on
puisse donner une mesure exacte de sa force électromotrice,
essayée directement après la rupture du courant primaire.

27. On constate, de même qu'avec l'or, que l'action
du fil qui a dégagé l'hydrogène, pendant l'électrolyse,
contribue beaucoup plus à la production du courant secondaire que celle du fil qui a dégagé l'oxygène.

Ce fait s'explique par la condensation ou l'alliage même
avec le platine du gaz hydrogène qui semble se comporter
comme une vapeur métallique, ainsi que M. Dumas l'a
fait remarquer depuis longtemps. Cet alliage devant être
extrêmement instable et oxydable, on conçoit qu'il puisse
devenir la source d'un courant électrique et constituer le
pôle négatif d'un élément de pile, par rapport à un autre
fil de même métal qui n'a pas subi la même action [1].

[1] Les travaux de Graham ont montré, comme on le sait, cette
tendance de l'hydrogène à s'allier aux métaux, développée surtout

28. D'un autre côté, l'action des gaz de l'électrolyse ne s'exerce pas seulement sur les électrodes métalliques, mais aussi sur les couches de liquide immédiatement voisines des électrodes, en produisant des combinaisons très instables avec le liquide lui-même.

L'oxygène dégagé autour de l'électrode de platine positive, dans l'eau acidulée par l'acide sulfurique, peut former de l'ozone, de l'eau oxygénée, et, comme l'a récemment montré M. Berthelot [1], un composé nouveau, l'acide persulfurique, dont on lui doit la découverte.

Ces divers corps, tous très oxygénés, doivent contribuer à la production du courant secondaire partiel de l'électrode positive.

29. L'hydrogène, dégagé autour de l'électrode négative, peut former, d'autre part, un composé correspondant à l'eau oxygénée, c'est-à-dire un corps plus hydrogéné que l'eau elle-même, tel qu'un sous-oxyde ou oxydule d'hydrogène qui contribuerait encore à la production d'un courant secondaire. Bien qu'un corps de ce genre n'ait point été encore isolé, les tendances si fortement oxydantes ou réductrices des gaz de l'électrolyse et la symétrie chimique des phénomènes qui se passent aux deux pôles de la pile permettent de soupçonner une combinaison partielle du gaz avec le liquide autour de l'électrode négative, et, par suite, la formation d'un composé de cette nature.

30. La part prise par le pôle positif au développement du courant secondaire par des électrodes de platine peut avoir aussi une autre cause qu'il y a lieu de mentionner :

---

avec le palladium; M. Dewar a observé un fort courant secondaire avec une lame de palladium hydrogénée unie à une lame ordinaire de même métal, et les recherches de MM. Crova, Root, etc. ont prouvé qu'un effet semblable était possible avec le platine.

[1] *Comptes rendus*, t. LXXXVI, 1878, p. 20 et 75.

c'est l'oxydation, à un très faible degré, du platine lui-même par l'oxygène du voltamètre.

Cette oxydation n'est pas visible, il est vrai; mais celle qui se produit d'une manière évidente sur tous les métaux et sur l'or même, par l'oxygène si actif provenant de l'électrolyse, porte naturellement à penser que le platine ne doit pas être complètement à l'abri de cette action oxydante si énergique.

C'était l'opinion de de la Rive qui, après avoir admis d'abord une simple action physique des gaz sur les électrodes, avait pensé ensuite qu'il devait y avoir action chimique produite sur le platine. Il avait même observé le noircissement d'électrodes de ce métal ayant servi à faire passer le courant dans un voltamètre, successivement dans les deux sens, et en avait justement conclu que le platine, pour arriver à cet état, avait dû subir des oxydations et des réductions successives.

Le fait cité plus haut (23), relativement à l'aluminium qui ne change pas d'aspect au pôle positif, quoique s'oxydant assez complètement pour arrêter entièrement le passage du courant, prouve, d'ailleurs, qu'un métal peut, sans changer d'apparence, se recouvrir d'une couche très mince d'oxyde.

Une autre preuve à l'appui de la formation possible d'une couche très mince d'oxyde de platine au pôle positif consiste dans ce fait, qu'une lame de platine positive, lavée et essuyée, sans être toutefois frottée fortement, conserve la faculté de donner un courant secondaire, en l'associant à une lame ordinaire, de même que l'électrode positive d'un voltamètre, à fils ou à lames d'aluminium également lavée et essuyée, conserve la propriété d'arrêter presque entièrement le passage du courant par la couche très mince d'oxyde invisible qui la recouvre.

Ainsi, l'altération chimique du platine, même produite à un très faible degré par le courant primaire, peut contribuer, dans une certaine proportion, au développement du courant secondaire.

31. Il convient enfin d'ajouter à ces causes l'influence, sur les électrodes, des gaz simplement dissous dans l'eau, qui jouent un rôle important, particulièrement dans la pile à gaz de Grove, ainsi que cela résulte des travaux de MM. von Beetz, Gaugain et Morley.

Tel est l'ensemble des diverses causes qui peuvent concourir à la production du courant secondaire par un voltamètre à électrodes de platine, en particulier, et qui s'appliquent également bien au voltamètre à fils d'or. Il n'est pas impossible qu'elles agissent aussi, à un faible degré, avec les autres métaux; mais on a vu que, dans les voltamètres précédemment étudiés, l'oxydation de l'électrode positive jouait le rôle principal.

32. **Voltamètres à eau acidulée, saturée de bichromate de potasse.** — En employant, au lieu d'eau simplement acidulée au $1/10^e$ par l'acide sulfurique, une solution saturée de bichromate de potasse, également acidulée, on observe des phénomènes qui montrent encore l'influence des couches de composés insolubles, déposées autour des électrodes, ou celle de gaines de liquide, pour augmenter la résistance des voltamètres et diminuer l'intensité du courant primaire.

L'argent et le mercure se recouvrent, dans ce liquide, de dépôts de chromates rouges insolubles qui arrêtent presque complètement le passage du courant.

Avec les autres métaux, la réduction du liquide par l'hydrogène dégagé autour de l'électrode négative tend, sans doute, à augmenter la force électromotrice du courant primaire; mais, d'autre part, le liquide réduit forme, autour de cette électrode, une gaine moins conductrice qui contribue à diminuer son intensité.

La force électromotrice secondaire de ces voltamètres est une cause moins influente de l'affaiblissement du courant primaire que l'altération du liquide. Quand l'oxyde du métal est soluble, il se produit, au pôle positif, une autre gaine saline, également liquide, qui ne s'écoule que lentement, et constitue un autre obstacle au passage du courant.

Aussi l'agitation de l'une ou de l'autre électrode produit-elle, dans ces voltamètres, un effet très marqué; les couches du liquide altéré sont écartées, le liquide actif se renouvelle plus vite autour des électrodes, et le courant conserve presque toute son intensité initiale.

C'est, du reste, ce que l'on observe dans la pile à bichromate de potasse de Poggendorff, à laquelle l'agitation du liquide par insufflation, ajoutée par MM. Grenet et de Fonvielle, donne une certaine constance.

L'étude des phénomènes qui se passent dans les voltamètres permet ainsi de se rendre compte de ceux qui se produisent à l'intérieur des couples voltaïques eux-mêmes; car ils n'en sont que l'image déplacée ou reportée, pour ainsi dire, dans un autre appareil où ils peuvent être examinés dans des conditions plus favorables.

33. Conclusions. — On peut tirer de cette étude les conclusions suivantes :

L'affaiblissement d'un courant électrique par l'interposition d'un voltamètre à eau acidulée et à électrodes de divers métaux est dû à plusieurs causes qui agissent avec plus ou moins d'intensité, suivant les métaux, et sont quelquefois toutes réunies :

1º A l'insolubilité et à la mauvaise conductibilité de l'oxyde formé au pôle positif;

2º Si l'oxyde est soluble, à la résistance de la couche de liquide salin provenant de sa dissolution et formant une

gaine qui empêche le renouvellement du liquide du voltamètre autour de l'électrode;

3° Au courant secondaire inverse (dit de polarisation)
qui tend à se produire.

34. Ce courant secondaire, observé en fermant le circuit
du voltamètre, aussitôt après la rupture du courant primaire, provient lui-même de plusieurs causes :

1° Avec la plupart des métaux, il est dû, en majeure
partie, à la réduction de la couche d'oxyde formée sur
l'électrode positive par l'action du courant primaire et
à l'oxydation de l'électrode négative qui a été amenée ou
maintenue à un état métallique parfait par le dégagement de l'hydrogène, sous l'influence du courant primaire;

2° Avec les métaux difficilement oxydables, tels que
l'or et le platine, le courant secondaire est dû, en majeure
partie, à l'action que l'hydrogène a exercée, au pôle négatif,
pendant le passage du courant primaire, soit en s'alliant
au métal de l'électrode, — soit en modifiant la composition
chimique du liquide même qui l'environne, — soit en s'y
dissolvant simplement en petite quantité. L'alliage ainsi
formé — le liquide ainsi modifié — ou le gaz hydrogène
dissous tendent à se recombiner ensuite avec l'oxygène
provenant de la décomposition de l'eau pendant la fermeture du circuit du voltamètre sur lui-même, et fournissent,
par suite, l'un des éléments de la force électromotrice du
courant secondaire observé.

Mais ce courant secondaire est dû aussi, en même temps,
quoique dans une moins forte proportion, d'une part, à la
faible oxydation de l'électrode positive des métaux dont
il s'agit, pendant le passage du courant primaire; — d'autre
part, à la formation de composés très oxygénés avec le
liquide même du voltamètre; — et enfin au gaz oxygène
dissous dans l'eau en petite quantité autour de l'électrode.

Le métal faiblement oxydé, — le liquide modifié — et le gaz oxygène dissous se recombinent ensuite avec l'hydrogène, lorsque le circuit secondaire est fermé, et fournissent un autre élément de la force électromotrice totale du voltamètre.

35. Les causes qui contribuent au développement du courant secondaire dans un voltamètre sont, comme on le voit, très nombreuses. On pourrait, à la rigueur, en mentionner encore d'autres purement physiques résultant de la condensation électrique qui doit toujours se produire dans un système composé de deux conducteurs d'une nature déterminée, séparés par un conducteur d'une nature différente. Mais, bien que l'idée d'une simple action physique soit venue la première à l'esprit des physiciens, pour expliquer un courant produit sans actions chimiques apparentes, et qu'elle ait même donné lieu à l'expression de *polarisation* voltaïque, de ce genre d'action est ici tout à fait négligeable, tant en raison de la conductibilité du milieu traversé que de l'exiguïté des surfaces en jeu, et les actions chimiques que nous venons de passer en revue nous paraissent être les principales causes de la production du courant secondaire.

CHAPITRE II.

ACCUMULATION DE LA FORCE DE LA PILE VOLTAÏQUE
A L'AIDE DE COUPLES SECONDAIRES A LAMES DE PLOMB.

Dispositions diverses de ces couples. — Leur *formation* ou préparation électrochimique. — Leurs effets. — Conservation de leur charge. — Résidus. — Rendement.

36. Dès qu'on eut reconnu que les courants secondaires étaient une cause importante d'affaiblissement des piles voltaïques, on s'appliqua à combattre la production de ces courants au sein des piles elles-mêmes, et ils furent très heureusement neutralisées dans les premières piles à deux liquides et à courant constant, dues, comme on le sait, à Becquerel [1].

Nous plaçant à un autre point de vue, nous avons cherché à recueillir, au contraire, les courants secondaires et à les mettre à profit pour *accumuler* la force de la pile voltaïque.

Nous avions trouvé, comme on l'a vu dans les recherches précédentes (20), que la force électromotrice secondaire d'un voltamètre à lames de plomb dans l'eau acidulée par l'acide sulfurique était plus énergique et plus persistante que celle de tous les autres métaux, et qu'elle dépassait de moitié celle de l'élément voltaïque le plus énergique connu, celui de Grove ou de Bunsen.

Avec une telle force électromotrice, il ne s'agissait plus, pour constituer un élément secondaire d'une grande intensité,

[1] *Annales de Chimie et de Physique*, 2e série, t. XLI, 1829, p. 24.

que de lui donner une très faible résistance ou d'accroître le plus possible sa surface. Cela devenait d'autant plus facile que les deux lames nécessaires pour le former devaient être de même nature et d'un métal extrêmement flexible et malléable comme le plomb.

37. Couple secondaire à lames de plomb en spirale. — C'est ainsi que nous fûmes conduit à construire, en 1860 ([1]), un élément secondaire de grande intensité, en

Fig. 7.

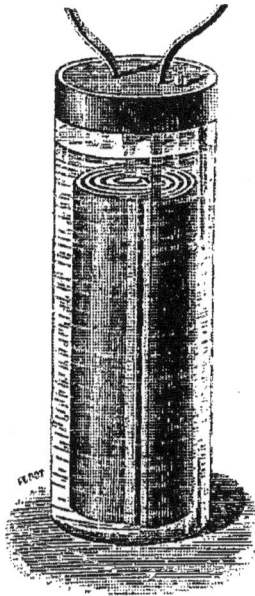

employant une disposition analogue à celle qu'Offershaus et Hare avaient employée pour la pile voltaïque proprement dite, c'est-à-dire en enroulant en spirale deux longues et larges lames de plomb, séparées l'une de l'autre par une toile grossière, et les plongeant ensuite dans un bocal plein d'eau acidulée au 1/10e par l'acide sulfurique.

([1]) *Comptes rendus*, t. L, mars 1860, p. 640.

La figure 7 montre la disposition d'un couple secondaire de cette nature.

38. Batterie secondaire de grande surface. — La figure 8 représente une batterie secondaire de neuf couples dont la surface totale était de 10^{m^2}, et dont nous mon-

Fig. 8.

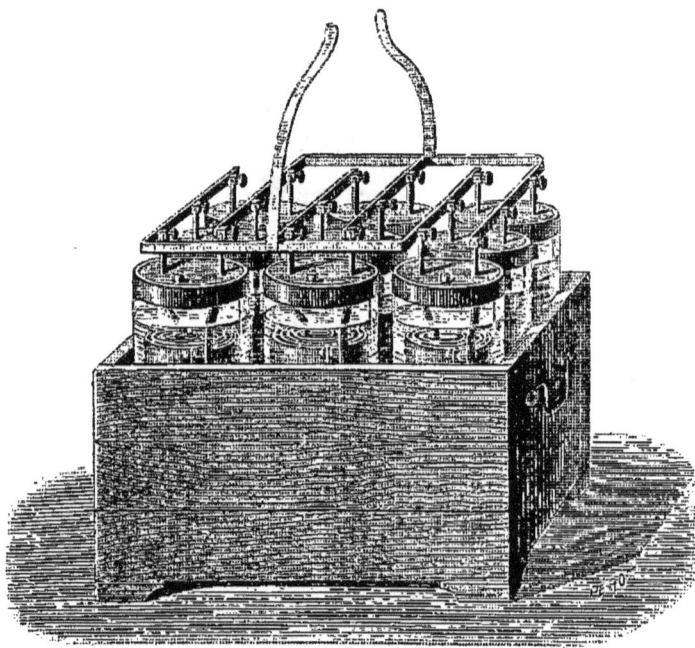

trâmes les premiers effets à l'Académie des Sciences, dans la séance du 26 mars 1860. En faisant traverser cet appareil par le courant de cinq petits couples de Bunsen, on obtenait, après quelques minutes d'action, une étincelle très vive et douée d'un grand pouvoir calorifique, quand on amenait un instant, au contact, les eaux rhéophores de la batterie dont les couples étaient réunis, soit en trois éléments de surface triple, soit en un seul élément ayant toute la surface de la batterie, comme le montre la figure 8. .

39. Couples secondaires à lames de plomb parallèles. —
Mais la disposition des couples secondaires, sous la forme
qui vient d'être décrite, présentait l'inconvénient d'introduire une résistance additionnelle, par la présence de
la toile destinée à séparer les électrodes. De plus, cette
toile s'altérant à la longue dans l'eau acidulée, les lames
de plomb pouvaient venir au contact l'une de l'autre et
mettre ainsi les couples hors d'état de fonctionner.

Pour remédier à ces inconvénients, nous avons employé

Fig. 9.

une autre disposition ([1]), consistant en deux séries de lames
de plomb parallèles, dont les prolongements de rang pair,
réunis d'un côté, et ceux de rang impair, réunis d'un autre
côté, étaient mis en communication avec les deux pôles
d'une pile primaire.

Ces lames, très rapprochées les unes des autres et séparées, dans leur milieu, par des baguettes isolantes, étaient
disposées verticalement dans un vase en gutta-percha, de
forme rectangulaire, et muni de rainures intérieures pour
maintenir les lames de plomb parallèles.

([1]) *Comptes rendus*, t. LXVI, p. 1255; *Annales de Chimie et de
Physique*, 4e série, t. XV, 1868, p. 10.

Dans la figure 9, représentant le plan de cette disposition, les lettres *abc*, *a'b'c'* indiquent les deux séries de lames de plomb.

La figure 10 montre l'appareil complet. Les prolongements des lames, réunis en K et K', viennent ressortir à la partie supérieure du vase en gutta-percha et peuvent être mis en relation avec les pôles de la pile primaire par

Fig. 10.

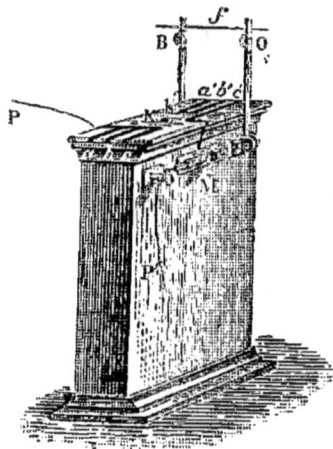

les fils P, P'. Le vase étant rempli d'eau acidulée au $1/10^e$ par l'acide sulfurique, un couvercle est soudé aux bords supérieurs du vase. On ménage seulement une petite ouverture pour donner une issue aux gaz provenant de l'électrolyse pendant le passage du courant primaire.

40. Pour mettre en évidence les effets calorifiques qu'on peut produire à l'aide de cet appareil, on dispose un gros fil de platine ou de fer *f* entre les pinces B et O, dont l'une B communique d'une manière fixe, avec la série de lames de plomb *abc*, par une lamelle métallique placée contre l'une des parois du vase, invisible dans la figure, et dont l'autre O n'est mise en communication avec la seconde série de lames

de plomb $a'b'c'$ que par l'intermédiaire d'un commutateur M. Ce commutateur n'est pas destiné à changer le sens des courants, mais à établir simplement les communications de l'appareil à courant secondaire, tantôt avec la pile primaire pour le charger, tantôt avec le système des pinces O et B pour le décharger (¹).

41. En employant six lames de plomb de o^m,2o de longueur sur o^m,22 de hauteur, et considérant que toutes les surfaces doubles sont utilisées, à l'exception de celles des lames extrêmes, on a ainsi une petite batterie secondaire de *quantité* d'une surface de o$^{m^2}$,5o environ, avec laquelle on peut, après l'action d'une pile primaire de deux couples de Bunsen pendant quelque temps, rougir des fils de fer, d'acier ou de platine de 1^{mm} de diamètre.

42. La disposition précédente, dont nous avons fait usage pendant plusieurs années pour obtenir, à un moment donné, des courants électriques temporaires d'une assez grande intensité, nous a paru présenter encore quelques inconvénients auxquels nous avons dû chercher à remédier. Les vases ou les cuvettes verticales en gutta-percha subissaient, avec le temps, un retrait ayant pour effet de rapprocher les lames de plomb en les cintrant et d'occasionner des contacts.

L'opacité de cette substance empêchait, en outre, de voir les phénomènes qui se passent à l'intérieur des couples secondaires et qu'il importe de pouvoir suivre pendant qu'on les charge, comme il sera dit ci-après (60).

(¹) Cette disposition de communicateur-interrupteur, sous forme d'un simple verrou métallique, arrondi à ses extrémités, qui s'engage dans des petits tubes en laiton fendus, nous a paru très commode pour cet objet, et nous l'avons employée, depuis 1868, dans mainte autre circonstance, pour établir ou interrompre à volonté des communications électriques.

43. Dernière disposition des couples secondaires à lames de plomb. — Nous sommes donc revenus à une disposition à peu près semblable à la première que nous avons décrite (37), mais en modifiant toutefois le mode de séparation des lames de plomb ([1]). Nous avons séparé ces lames, non plus par une toile grossière, mais par des bandes étroites de caoutchouc présentant l'avantage de ne point s'altérer dans l'eau acidulée et de ne couvrir qu'une très minime partie de la surface des électrodes.

La figure 11 représente la manière dont nous avons procédé à l'enroulement des lames en spirales voisines l'une

Fig. 11.

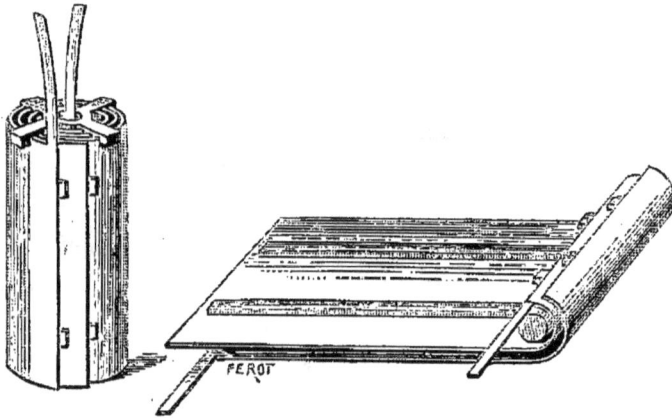

de l'autre sans se toucher, et montre la disposition d'un couple ainsi construit ([2]).

([1]) *Comptes rendus*, t. LXXIV, 1872, p. 592.

([2]) Nous entrerons ici dans des détails qui pourront peut-être paraître minutieux sur la construction et la mise en fonction de ces couples; mais le parti que nous en avons tiré pour nos recherches ultérieures nous porte à souhaiter que les physiciens puissent au besoin les construire facilement eux-mêmes pour les recherches qu'ils pourraient avoir en vue. Nous ne faisons d'ailleurs que répondre à un désir qui nous a été souvent exprimé de connaître tous les détails de construction de nos couples secondaires.

Deux paires de bandes de caoutchouc de 1^{cm} environ de largeur, sur $0^{cm},5o$ d'épaisseur, sont nécessaires pour empêcher les lames de se toucher réciproquement. Les lamelles qui forment leur prolongement sont taillées aux extrémités opposées des lames, pour mieux éviter les causes de contact et pour égaliser la distribution du courant primaire sur les surfaces des électrodes, en éloignant l'un de l'autre les deux points par lesquels débouchent l'électricité positive et l'électricité négative dans le couple secondaire. Toutefois cette disposition n'est pas indispensable, si les lames de plomb sont enroulées bien uniformément l'une autour de l'autre. L'action chimique du courant primaire se distribue alors également sur toute la surface du couple secondaire, quand même les deux pôles de la pile y déboucheraient très près l'un de l'autre.

On enroule donc les lames de plomb, ainsi séparées par deux ou trois paires de bandes de caoutchouc, autour d'un cylindre en bois ou en métal, comme le montre la figure 11. Ce cylindre devant être retiré, une fois le couple achevé, sa nature est indifférente.

Il convient aussi de placer deux petites bandes de caoutchouc transversales de la longueur du cylindre, devant les extrémités des bandes longitudinales, lorsqu'on commence à enrouler la première spire, afin de bien séparer les bords des deux lames de plomb, qui pourraient tendre à se toucher.

44. L'enroulement une fois effectué, on enlève avec précaution le rouleau intérieur, et, pour donner plus de stabilité au système, on maintient les spires à leur place, d'une manière définitive, à l'aide de petits croisillons en gutta-percha ramollis par la chaleur.

Le couple ainsi construit est introduit ensuite dans un vase cylindrique en verre et assujetti, à l'intérieur, par de petites cales en gutta-percha. Le vase est rempli d'eau acidulée au $1/10^e$ par l'acide sulfurique.

45. La figure 12 représente un couple secondaire d'assez grande dimension (^{1}), construit comme nous venons de le dire, et indique aussi la disposition que nous avons

Fig. 12.

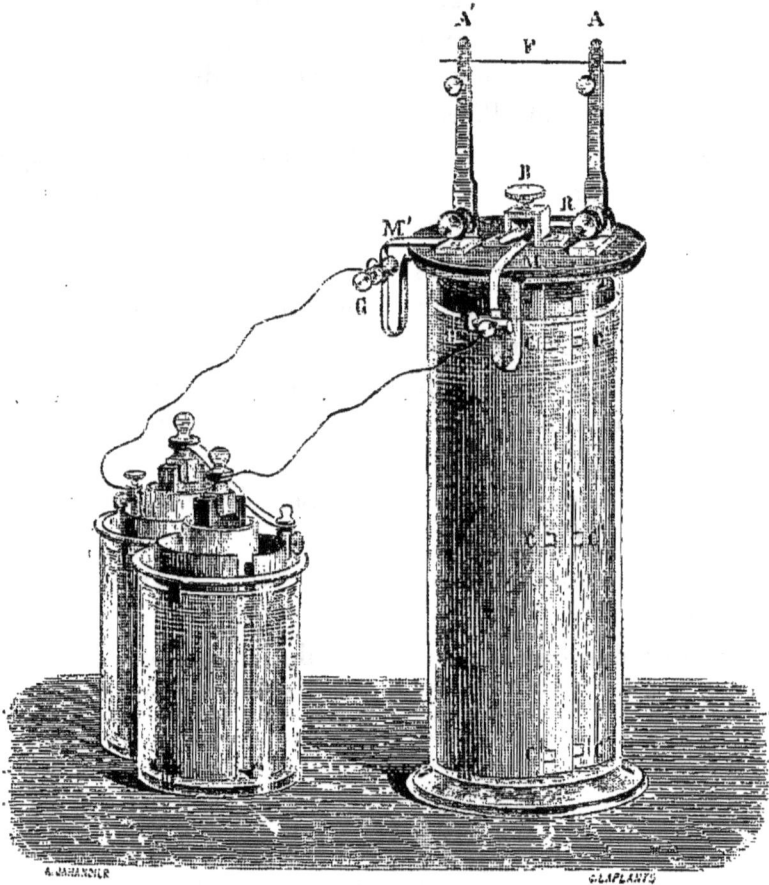

donnée au système des communications pour charger le couple ou le décharger, et montrer les effets qu'il peut produire (^{2}).

(^{1}) Les lames de plomb ont environ 0^m,60 de longueur sur 0^m,20 de largeur et 1^{mm} d'épaisseur.

(^{2}) *Les Mondes*, t. XXVII, 1872, p. 426 et suiv.

Le vase en verre contenant les lames de plomb immergées dans l'eau acidulée est recouvert d'un disque en caoutchouc durci qui porte les pièces métalliques destinées à fermer le circuit secondaire quand le couple est chargé. Les extrémités des deux lames de plomb communiquent, à l'aide des pinces G et H, à la fois, avec une pile primaire formée de deux éléments de Bunsen de petite dimension et avec les lamelles de cuivre M, M′ (¹). La lamelle M est disposée au-dessous d'une autre lamelle de cuivre R, dont l'extrémité prolongée, formant ressort, peut être abaissée et pressée par le bouton B, et la lamelle M se trouve alors en communication avec la pince A. La lamelle M′, d'autre part, est en communication constante avec la pince A′, et entre les branches de ces deux pinces, sont placés les fils métalliques destinés à être rougis ou fondus par le courant secondaire. On peut encore faire aboutir à ces deux pinces les fils provenant de tout autre appareil dans lequel on veut faire passer le même courant.

46. Ce système de communications, installé de la manière la plus simple possible pour tenir sur le couvercle d'un vase, ne rompt pas, comme celui qui a été précédemment décrit (40), le courant primaire, quand on ferme le circuit secondaire. Si donc on veut essayer l'effet du couple secondaire seul, on le sépare de la pile primaire, en détachant les fils G et H, et l'on serre ensuite le bouton B. Mais si

(¹) Les languettes terminales des lames de plomb ont été préalablement recouvertes à chaud, dans toute leur étendue, d'un vernis épais à l'essence de térébenthine ou d'un mastic formé de cire et de résine, afin d'empêcher le liquide acidulé de grimper, par capillarité, jusqu'au point de jonction avec les lamelles en cuivre. Les extrémités des lames de plomb, à ce point de jonction, doivent être parfaitement décapées et recouvertes ensuite de vernis ou noyées dans une couche de mastic coulé au-dessus d'un bouchon en liège qui recouvre le couple secondaire. Ce bouchon est percé d'un trou dans lequel passe un petit tube de verre.

on laisse ces fils en communication avec le couple secondaire, lorsqu'on veut le décharger en serrant le bouton,
cela n'a aucun inconvénient; l'appareil n'en fonctionne
pas moins; ses effets se trouvent même légèrement aug-
mentés par l'action de la pile primaire qui s'ajoute à celle
du couple secondaire, quand le circuit du fil F est fermé;
car les deux systèmes de courants de la pile primaire et du
couple secondaire, qui sont en opposition pendant la charge,
se trouvent associés en *quantité* lors de la décharge.

47. Nous verrons plus loin (75) que le couple secondaire, *formé* ou préparé d'une manière particulière, conserve assez longtemps sa charge pour donner des effets
énergiques sans le secours additionnel du courant de la
pile primaire, pendant la courte durée de la décharge. Mais
la liaison continue du couple secondaire avec la pile primaire présente, du moins, l'avantage que, si l'on a une
suite d'expériences à faire avec des décharges successives
du couple secondaire, tous les intervalles pendant lesquels
on ne produit pas de décharges se trouvent immédiatement
utilisés par la pile primaire pour charger le couple secondaire.

48. **Actions chimiques produites dans les couples secondaires à lames de plomb.** — Nous avons étudié précédemment (18) les actions chimiques qui se passent dans
un voltamètre à fils ou à lames de plomb, lorsqu'on ferme
le circuit du voltamètre sur lui-même après l'action du
courant primaire, et nous avons examiné, avec quelques
détails, les causes principales du courant secondaire énergique qu'il produit.

Dans les couples secondaires que nous venons de décrire,
ces actions se représentent naturellement sur une plus
grande échelle et produisent des phénomènes dont l'étude
nous a été utile pour donner à ces couples des qualités

importantes, telles que celles de fournir des décharges de longue durée, de conserver leur charge longtemps après l'action de la pile primaire, et d'*emmagasiner* ainsi le *travail chimique* de la pile voltaïque.

49. Lorsqu'un couple secondaire de grande surface, tel que celui qui est représenté (*fig.* 12), est neuf, c'est-à-dire lorsque les lames de plomb qui le composent n'ont jamais servi à transmettre de courant dans un voltamètre, et qu'on vient à le faire traverser par le courant de deux couples de Bunsen, le gaz oxygène apparaît presque immédiatement sur la lame positive; une portion oxyde, en même temps, la surface de la lame, et celle-ci ne tarde pas à être recouverte d'une couche très mince de peroxyde de plomb.

D'un autre côté, l'hydrogène, après avoir réduit la faible couche d'oxyde dont le plomb peut être couvert par l'exposition à l'air, ne tarde pas à apparaître, et si, au bout de quelques instants, on essaie le courant secondaire produit par l'appareil, on constate qu'il est déjà très énergique par la vivacité de l'étincelle produite, lorsqu'on ferme et qu'on rompt aussitôt le circuit secondaire, avec un conducteur en cuivre peu résistant. Mais le courant ainsi obtenu est de très courte durée. Il produirait bien l'incandescence d'un fil de platine très fin, mais ne rougirait pas un fil de même métal de gros diamètre. Cela vient de ce que la couche de peroxyde de plomb produite à la surface de la lame positive est très mince, et que, se trouvant rapidement réduite, dès qu'on ferme le circuit secondaire, elle ne peut fournir une quantité suffisante d'électricité.

50. Mais si, après avoir fermé le circuit jusqu'à l'anéantissement du courant secondaire, on charge une seconde fois l'appareil, les lames se trouvent alors dans un état un peu différent de celui où elles étaient en commençant.

Pendant la fermeture du circuit secondaire, l'oxygène, se portant sur la lame qui était négative lors du passage du courant, a peroxydé légèrement cette lame, en même temps que le peroxyde formé sur l'autre lame, lors du passage du courant principal, se réduisait par l'hydrogène. On a donc, après une première expérience, deux lames dont la surface présente un état moléculaire différent de celui où elles se trouvaient lorsqu'elles étaient neuves. Elles sont recouvertes de couches minces d'oxyde et de métal réduit, qui faciliteront l'action ultérieure du courant principal sur le couple secondaire.

51. Si l'on considère d'abord la lame de plomb qui était négative lors du passage du courant principal pour la première fois, cette lame est, comme on vient de la voir, recouverte d'une couche d'oxyde après le passage du courant secondaire. Il en résulte que, si l'on fait de nouveau passer le courant principal, les premières portions d'hydrogène seront consacrées à réduire cette couche d'oxyde, au lieu de la couche plus faible résultant seulement de l'exposition à l'air, comme cela avait lieu précédemment. Par suite, un retard plus grand que la première fois se produira dans l'apparition de l'hydrogène à la surface de cette lame; car ce gaz ne commencera à se dégager que lorsque l'oxyde sera parfaitement réduit à l'état de plomb pulvérulent ou très divisé à la surface de cette lame.

52. Si l'on étudie ce qui se passe sur la lame positive pour la seconde fois, pendant l'action du courant principal, les premières portions d'oxygène qui tendent à se dégager à sa surface rencontrent, cette fois, une couche de peroxyde réduit ou de plomb métallique divisé, sur laquelle ce gaz a plus de prise, s'il est permis de parler ainsi, que sur la lame de plomb servant pour la première fois; le gaz est

plus facilement absorbé, et l'on commence aussi à constater un retard dans l'apparition de l'oxygène sur cette lame, retard qui correspond au temps nécessaire pour oxyder de nouveau la couche de plomb réduit à sa surface.

Quand on ferme de nouveau le circuit secondaire, les phénomènes précédemment décrits se reproduisent, et l'on conçoit que, lorsqu'on aura renouvelé ces opérations un très grand nombre de fois, les surfaces de plomb du couple secondaire se trouveront dans un état plus favorable pour l'oxydation ou la réduction; les couches d'oxyde alternativement formées ou réduites deviendront plus épaisses, et les effets secondaires qui en résultent présenteront plus de durée et d'intensité.

C'est, en effet, ce qu'on observe : plus un couple secondaire reçoit l'action d'un courant primaire et fonctionne lui-même après cette action, plus est longue la durée du courant secondaire.

53. Formation ou préparation électrochimique des couples secondaires à lames de plomb. — Nous sommes parvenu ainsi à prolonger la durée des effets des couples secondaires en les chargeant successivement un grand nombre de fois et les déchargeant au fur et à mesure, de manière à développer à leur surface et à produire même, à une certaine profondeur dans l'épaisseur des lames, ces couches d'oxyde et de métal réduit dont l'état de division est favorable au développement du courant secondaire.

Nous avons obtenu aussi ce résultat d'une manière encore plus marquée, en changeant successivement plusieurs fois le sens du courant primaire agissant sur le couple secondaire.

Chaque fois qu'on fait ce changement, on observe, s'il y a un galvanomètre dans le circuit, un renforcement notable du courant primaire, dans les premiers instants, ce qui s'explique aisément, parce que la force électromotrice du couple secondaire s'ajoute, dans ces conditions, à celle de la pile. Mais il vaut mieux, pour ne pas affaiblir trop vite la pile primaire, fermer, entre les changements de sens, le circuit du couple secondaire sur lui-même; sans cela, le courant de la pile est consacré, dans les premiers moments, à effectuer un travail chimique qui peut être produit par la décharge même du couple secondaire.

Ainsi le couple secondaire doit être déchargé d'abord, puis rechargé en sens inverse. Dans ce cas, le courant primaire agit de nouveau directement sur des surfaces qui sont à peu près dans le même état électrochimique; on n'observe point alors l'accroissement du courant mentionné précédemment, et il n'y a pas de perte inutile de force de la pile primaire, sous forme de chaleur répandue dans le circuit.

54. Nous avons reconnu, de plus, qu'il était avantageux, au point de vue de cette préparation des couples secondaires, de laisser un intervalle de repos de plusieurs jours entre les changements de sens, afin de donner aux dépôts d'oxyde et de métal réduit le temps de prendre une texture cristalline et une forte adhérence à la surface des lames. On observe, en effet, que les lames des couples secondaires qui ont subi ces actions acquièrent, à la longue, un aspect cristallin particulier. La lame couverte de plomb peroxydé et la lame couverte de plomb réduit sont parsemées, l'une et l'autre, de points brillants et se trouvent modifiées dans leur constitution moléculaire, non seulement à leur surface, mais jusque dans l'épaisseur et les pores du métal; on constate même que la lame peroxydée, en particulier, finit par présenter une certaine fragilité.

55. Les lames ainsi modifiées ne perdent point de leur poids par les charges et les décharges les plus multipliées. Elles ne servent, pour ainsi dire, que de point d'appui

aux actions chimiques qui s'opèrent à leur surface et qui, se succédant constamment en sens inverse, ne peuvent les user. Le plomb est continuellement oxydé et réduit, en même temps que l'eau est alternativement décomposée et reconstituée.

56. Cet ensemble d'opérations, que nous avons désigné sous le nom de *formation* des couples secondaires, et qui consiste, ainsi qu'on vient de le voir, à les *former* ou à les vieillir, pour produire des dépôts d'une certaine épaisseur, permet d'obtenir, lorsqu'on les décharge, des effets calorifiques d'assez longue durée.

Avec un couple secondaire à lames de plomb, de $0^{m^2},5o$ de surface, convenablement *formé* ou vieilli, et préalablement chargé par deux éléments de Bunsen pendant trois quarts d'heure, on peut rougir, pendant 8 à 10 minutes, un fil de platine de 1^{mm} de diamètre, sur 7 à 8^{cm} de longueur, et pendant 20 à 25 minutes, un fil de $0^{mm},5$ environ de diamètre.

57. Le séjour prolongé des lames de plomb dans l'eau acidulée, avant l'action du courant primaire, facilite beaucoup la *formation* des couples secondaires. Ce fait nous paraît pouvoir s'expliquer par la pénétration lente du liquide à l'intérieur des pores du métal, ce qui permet à l'action de l'électrolyse de s'exercer elle-même plus profondément et de produire une quantité plus grande d'oxyde ou de métal réduit.

58. L'intensité du courant primaire a aussi une grande influence sur la *formation* plus ou moins parfaite des couples secondaires. Le courant de deux éléments de Bunsen est celui que l'expérience nous a fait reconnaître le plus convenable. Un courant d'une intensité trop faible ne produit que des dépôts très superficiels, et la nature même de peroxyde de plomb produit sur la lame positive est différente, quant à l'aspect physique (et peut-être au point

de vue chimique) ([1]), de celle du peroxyde produit par
un courant plus fort. L'oxyde qui résulte de l'action d'un
courant faible suffisamment prolongé est noir; celui que
fait naître un courant plus fort a la couleur d'un brun clair
qui caractérise le peroxyde de plomb.

Des éléments de Daniell, même en grand nombre, ne
forment pas si bien les couples secondaires que deux éléments
de Grove et de Bunsen ayant une moins grande somme
de force électromotrice, mais fournissant plus de quantité
d'électricité. Il faut que les oxydations et les réductions
se fassent avec une certaine rapidité et que l'électrolyse
soit assez énergique pour pénétrer le plus possible à l'intérieur du métal.

59. Pour bien *former* les couples secondaires, il convient
donc de tenir compte des remarques précédentes et de
considérer surtout que l'action du *temps* est indispensable,
comme dans un grand nombre d'actions chimiques dont
la nature et l'industrie offrent des exemples. C'est une sorte
de *tannage* électrochimique, s'il est permis de s'exprimer
ainsi, que doivent subir les électrodes des couples secondaires. Les lames de plomb doivent être pénétrées peu
à peu, le plus profondément possible, par les actions
oxydantes et réductrices du courant primaire, de manière

([1]) Nous avons eu l'occasion d'observer, dans les voltamètres à
électrodes de cuivre, un exemple de la différence dans la nature chimique
de l'oxyde produit, suivant la force électromotrice du courant
employé. Ainsi, avec un courant de deux éléments de Bunsen, on
obtient au pôle positif, le bioxyde de cuivre noir, qui n'apparaît qu'un
instant, au commencement de l'électrolyse (8), et se dissout ensuite
dans le liquide, sans être visible, au fur et à mesure de sa formation;
tandis que si l'on emploie quinze éléments, il se forme, à l'extrémité
de l'électrode positive, un jet d'oxyde rougeâtre qui ressemble au
protoxyde ou oxydule de cuivre, et se précipite au fond du voltamètre
sans se dissoudre immédiatement dans le liquide. (*Bibl. univ. de
Genève*, t. VII, 1860, p. 332.)

à modifier complètement leur constitution moléculaire.
Les intervalles de repos dont il a été question ci-dessus (54),
entre les changements de sens du courant primaire, ont la
plus grande influence. Ainsi, un couple secondaire dont
les lames ont été soumises, plusieurs heures de suite, à
l'action du courant primaire, étant abandonné à lui-même,
pendant un mois, sans être déchargé, puis, repris au bout
de cet intervalle de temps et rechargé en sens inverse,
donnera une décharge d'une durée double de celle qu'il
donnait auparavant.

Voici, en résumé, la marche qu'on peut suivre pour ces
opérations :

Le couple secondaire ayant été rempli à l'avance d'eau
acidulée au 1/10e par de l'acide sulfurique pur (1), on le fait
traverser, le premier jour que l'on s'en sert, six ou huit fois,
alternativement dans les deux sens, par le courant de deux
éléments de Bunsen. On décharge le couple secondaire
entre chaque changement de sens, et l'on constate sans
peine, soit par l'incandescence d'un fil de platine, soit par
tout autre effet, que la durée de la décharge va sans cesse
en croissant.

On augmente peu à peu le temps pendant lequel le couple
reste soumis, dans le même sens, à l'action du courant
primaire. On porte successivement cette durée, dès le
premier jour, de 15 minutes à 30 minutes et 1 heure. On
le laisse finalement chargé dans un sens déterminé jusqu'au
lendemain. Le lendemain, on le recharge 2 heures en sens
inverse, puis dans le premier sens, et ainsi de suite. On
constate encore un gain dans la durée de la décharge.
Mais il arrive bientôt une limite au delà de laquelle cette
durée n'augmente plus sensiblement, surtout lorsque la

---

(1) Il est essentiel que l'acide sulfurique ne contienne pas de traces
d'acide nitrique, qui attaquerait le plomb et contribuerait à produire
la rupture des languettes terminant les lames des couples secondaires.

pile primaire, n'étant pas renouvelée, s'est affaiblie peu à peu par ces actions successives et n'a plus une intensité suffisante pour que l'électrolyse pénètre plus profondément à l'intérieur des lames (58).

On laisse alors le couple secondaire au repos pendant huit jours, et on le recharge en sens inverse pendant plusieurs heures, sans faire, le même jour, de nouveaux changements de sens. Puis on porte peu à peu l'intervalle de repos à quinze jours, un mois, deux mois, etc., et la durée de la décharge va sans cesse en augmentant. Elle n'a d'autre limite que l'épaisseur même des lames de plomb. La lame positive, si elle est mince, finit par être transformée presque entièrement, avec le temps, en peroxyde de plomb à texture cristalline. La lame négative se trouve peu à peu formée, jusqu'à une certaine profondeur au-dessous de sa surface, de plomb réduit, grenu et cristallin.

Il n'est pas toutefois nécessaire de pousser la préparation électrochimique des couples secondaires jusqu'à cette transformation complète de la nature physique et chimique des lames ; car les couples finissent alors par acquérir une plus grande résistance et exigent plus de temps pour être chargés.

Lorsque des couples secondaires donnent un courant d'une durée suffisamment prolongée pour l'application qu'on veut en faire, il n'y a plus lieu de changer le sens du courant primaire chaque fois qu'on s'en sert. La provision de peroxyde de plomb accumulée sur la lame positive serait trop longue à réduire, et l'on n'obtiendrait aucun effet du couple avant plusieurs heures. On adopte donc un sens définitif dans lequel on charge toujours les couples secondaires, une fois qu'ils sont suffisamment *formés*.

60. **Absorption des gaz pendant la charge des couples secondaires.** — Lorsqu'on charge des couples secondaires préparés dans les conditions précédentes, on observe que les gaz sont complètement absorbés pendant un certain

temps, à tel point qu'avec un couple secondaire de 1^{m^2} de surface, soumis à l'action de deux couples de Bunsen, il peut s'écouler 20 à 3o minutes avant qu'aucun gaz n'apparaisse à la surface des lames.

Tout le travail du courant primaire s'accumule dans l'appareil, sous forme d'oxydation de plomb d'une part, et, d'autre part, de réduction de plomb oxydé produit par la fermeture antérieure du courant secondaire, pour être *rendu* de nouveau, sauf une perte inévitable, sous forme de courant secondaire, par la reconstitution inverse de ces mêmes produits. Lorsque les gaz commencent à se dégager, on est averti que la pile n'effectue plus sensiblement de travail utile à la production du courant secondaire.

Ainsi, l'apparition du dégagement des gaz dans un couple secondaire préalablement bien *formé* devient un phénomène indicatif du maximum de la charge que peut prendre le couple, et il n'y a plus beaucoup d'avantage, pour accroître les effets secondaires, à prolonger l'action du courant principal.

Il faut que le couple se trouve dans ces conditions de préparation électrochimique antérieure, pour que le dégagement de gaz puisse indiquer s'il est chargé; car, avec un couple secondaire neuf, soumis pour la première fois à l'action d'un courant primaire, ou avec un couple déjà *formé*, mais qui serait resté très longtemps sans fonctionner, on voit presque aussitôt le gaz se dégager à la surface des lames, sans avoir atteint pour cela le degré de charge maximum qu'ils peuvent prendre ([1]).

([1]) Les lames de plomb neuves présentent cependant, à un certain degré, ces effets d'absorption de gaz, après qu'on a changé deux ou trois fois seulement le sens du courant primaire. Elles passent successivement par les nuances les plus claires et les plus foncées du peroxyde de plomb, ou reprennent des teintes métalliques d'un gris blanc argentin, suivant le gaz qui agit à leur surface. Les gaz sont absorbés pendant le temps très court correspondant au développement de ces couches minces d'oxyde et de métal réduit.

61. Entretien des couples secondaires. — Quand un couple secondaire est considéré comme suffisamment *formé*, les intervalles de repos de plusieurs mois, loin d'être utiles, comme pour l'opération même de la *formation*, tendraient à augmenter la résistance des couples et à rendre leur charge plus longue et plus difficile. Il est donc préférable de les charger de temps en temps, ou de les maintenir constamment en charge par une pile faible, afin d'éviter la production, sur la surface de la lame positive, d'une couche de protoxyde de plomb peu conductrice provenant de la réduction lente et spontanée du peroxyde de plomb.

62. Les éléments secondaires ainsi *formés* par le courant de deux couples de Bunsen peuvent être chargés et maintenus en charge à l'aide d'une pile de trois éléments de Daniell ou de Callaud remplis d'eau pure, tels que ceux qui servent dans la télégraphie. On n'obtient point, il est vrai, une charge aussi forte qu'avec les éléments à acide nitrique, mais l'emploi de cette source primaire est d'un usage plus commode dans un grand nombre de cas.

63. Effets produits par les couples secondaires à lames de plomb. — On peut obtenir, avec les couples secondaires que nous venons de décrire, des effets temporaires calorifiques, magnétiques, etc., beaucoup plus intenses que ceux que produirait la pile primaire employée pour les charger. Nous en indiquerons les applications dans la seconde partie de cet ouvrage. L'appareil représenté (*fig.* 12) (45) a été disposé surtout en vue de la démonstration des effets calorifiques, et nous avons déjà mentionné quelques-uns de ces effets (40, 41, 56). En associant en surface quatre ou cinq de ces couples, on peut fondre de gros fils de fer ou d'acier et obtenir des globules fondus de 7 à 8^{mm} de diamètre. Il suffit, pour cela, de rapprocher peu à peu les pinces de l'appareil, à mesure que les fils métalliques entrent en fusion.

64. Nous avons fait une étude particulière de ces globules, en raison de quelques analogies remarquables qu'ils nous ont paru présenter et que nous indiquerons dans la quatrième partie. En les examinant à l'aide d'une loupe et d'un verre foncé, pendant qu'ils sont en fusion et qu'ils jettent un vif éclat, sous l'influence du puissant courant électrique de quantité qui les traverse, nous avons observé les phénomènes suivants (*fig.* 13) :

1º Leur surface liquide incandescente paraît agitée, ondulée et parsemée de taches de toutes dimensions,

Fig. 13.   Fig. 14.

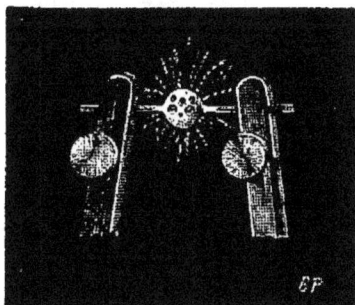   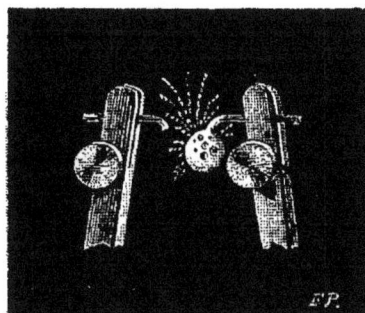

produites par des bulles gazeuses qui viennent de l'intérieur des globules, où elles causent aussi une vive effervescence ; 2º ces bulles se développent si rapidement, qu'il est difficile de saisir leurs diverses phases ; on y distingue néanmoins des ombres, des pénombres et des parties brillantes ; 3º elles finissent par percer l'enveloppe liquide, en projetant des parcelles incandescentes ; 4º les globules refroidis présentent une surface ridée et mamelonnée ; 5º on reconnaît qu'ils sont creux et que leur enveloppe est d'autant plus mince que le métal renfermait plus de gaz en combinaison.

Lorsque ces globules ont acquis un certain volume, ils se détachent souvent spontanément des extrémités du fil métallique ; mais quelquefois ils restent suspendus à l'extrémité de l'un des fils, et pendant le court instant qu'ils se maintiennent incandescents, après l'interruption du courant, on voit encore des taches se produire et des bulles se dégager à leur surface (*fig.* 14).

Cela vient de ce que ces globules, si exigus qu'ils soient, présentent encore une petite masse de matière portée à une très haute température, dans laquelle le mouvement calorifique provenant lui-même du mouvement électrique antécédent, ne s'anéantit pas immédiatement; les effets chimiques résultant de l'élévation de température (tels que l'oxydation du carbone, si le fil est en acier) succèdent aussi, pendant un instant, au passage du courant électrique et se manifestent par les bulles gazeuses qu'on observe à la surface des globules.

Ces effets pourraient être produits, sans doute, avec toute autre source d'électricité dynamique de quantité suffisante; mais nous les signalons ici comme étant obtenus, avec les couples secondaires, d'une manière plus facile et plus commode pour l'étude que par tout autre moyen.

65. **Effets magnétiques.** — Les effets magnétiques que produisent les couples secondaires, par leur décharge, sont aussi très énergiques. Des électro-aimants à gros fil peuvent être ainsi plus fortement aimantés que par les piles ordinaires, dont la surface est beaucoup moindre et qui, par suite, ne sauraient fournir, en un temps donné, une aussi grande quantité d'électricité. Des aimants artificiels puissants peuvent être facilement constitués, d'autant plus que, dans ce cas, il suffit de faire passer un instant le courant dans l'hélice dont on entoure les barreaux d'acier destinés à être aimantés.

Les expériences d'électrodynamique, dans lesquelles les fils conducteurs doivent être traversés par la plus grande quantité possible d'électricité, peuvent être répétées avec succès à l'aide des couples secondaires.

S'il s'agit de mettre en fonction un moteur électromagnétique, non pour obtenir un travail continué pendant longtemps, mais pour l'exécution de quelques expériences ou
pour la démonstration, ces couples peuvent encore être
employés avantageusement. Lorsque le circuit des électro-
aimants n'est pas trop court, le courant du couple secondaire ne se dépense pas aussi rapidement, et nous avons
pu, même avec des couples secondaires de surface beaucoup plus petite que celle du couple représenté figure 12,
obtenir, par une seule décharge, la rotation d'un petit
moteur électromagnétique prolongée pendant plus d'une
heure.

Ces couples peuvent être enfin employés aussi pour
mettre en fonction les bobines d'induction et réaliser un
grand nombre d'expériences, à l'aide d'une seule décharge.

66. **Formation de l'ozone dans les couples secondaires
et les voltamètres à électrodes de plomb.** — Nous avons
remarqué, en faisant usage des couples secondaires à
lames de plomb, qu'il s'en dégageait souvent une forte
odeur d'ozone, particulièrement quand on rechargeait les
couples en sens inverse, à l'aide d'un courant assez fort.

Les métaux inoxydables, tels que l'or et le platine,
étaient considérés comme les seuls qu'on pût employer pour
obtenir l'ozone par l'électrolyse de l'eau. En étudiant, à
ce point de vue, les voltamètres à électrodes de plomb,
nous avons trouvé que l'ozone pouvait être aussi bien
produit par des électrodes de plomb que par des électrodes
de platine, et même en plus forte proportion (1).

On peut s'en assurer facilement en prenant deux voltamètres, dont l'un est formé par des fils de platine, l'autre
par des fils de plomb de même longueur et de même diamètre,
et les faisant traverser par un même courant de dix éléments

---

(1) *Comptes rendus*, t. LXIII, 1866, p. 181.

de Bunsen. En plongeant des bandes de papier ioduré et amidonné dans des tubes ouverts placés au-dessus du fil positif de chaque voltamètre, on les voit bleuir dans l'un et dans l'autre, et l'on peut observer que le papier plongé dans l'oxygène du voltamètre à fils de plomb bleuit plus rapidement et avec plus d'intensité que le papier plongé dans l'oxygène du voltamètre à fils de platine.

La vivacité de l'odeur, la rapidité d'oxydation de l'argent, offrent aussi une différence facilement appréciable.

En faisant dégager simultanément l'oxygène ozoné des deux voltamètres dans des dissolutions semblables d'iodure de potassium, la dissolution soumise à l'action de l'oxygène du voltamètre à fils de plomb se colore plus fortement en jaune que celle qui est traversée par l'oxygène du voltamètre à fils de platine, et l'on trouve que la quantité d'iode mise en liberté par l'ozone du voltamètre à fils de platine n'est environ que les deux tiers de celle qui est fournie par l'ozone du voltamètre à fils de plomb.

Il faut que le voltamètre à fils de plomb ait été préalablement un peu *formé*, comme les couples secondaires (53), de manière que la couche de peroxyde de plomb produite au pôle positif couvre bien le métal.

67. Cette production d'ozone, plus abondante avec des électrodes de plomb qu'avec des électrodes de platine, est un fait assez difficile à expliquer dans l'état actuel de nos connaissances sur l'ozone.

Cependant il nous semble qu'on peut s'en rendre compte, en considérant que la plus ou moins grande métallité de l'électrode doit influer sur le développement de l'ozone. On sait avec quelle facilité ce corps est absorbé par les métaux ou, en général, par les matières oxydables, comment l'argent, que l'air ne ternit point, noircit sous son influence.

Il est donc permis de croire que le platine lui-même n'est pas absolument sans action sur l'ozone, à mesure qu'il se développe dans un voltamètre à fils de ce métal, et qu'une certaine portion de l'ozone développé peut être détruite, tandis que, dans un voltamètre à fils de plomb, le fil positif, une fois bien recouvert de peroxyde insoluble dans l'eau acidulée, constitue une électrode moins métallique que le platine et favorise moins la destruction de l'ozone.

Ce qui semblerait le prouver, c'est qu'en comparant la quantité d'ozone produite par des fils et des lames de plomb, nous avons obtenu plus d'ozone avec des fils qu'avec des lames, et en employant au pôle positif, dans un voltamètre, une pointe très courte et très fine en plomb, nous avons eu plus d'ozone qu'avec un fil plus gros et d'une certaine longueur. Il en résulterait donc que, moins l'électrode offre de surface, mieux l'ozone se produit, de sorte que, s'il était possible de décomposer l'eau sans électrode ou avec une électrode aussi peu métallique ou oxydable que possible, on aurait la proportion maximum d'ozone dans un voltamètre. La formation d'ozone à l'aide de l'électricité statique par simple influence, comme l'ont constaté MM. Frémy et Ed. Becquerel, ou par l'effluve de la bobine d'induction dans les tubes de MM. Siemens, Houzeau, de Babo, Boillot, A. Thénard, Berthelot, etc., nous paraîtrait appuyer cette manière de voir.

68. **Voile d'oxyde produit, au pôle positif, pendant la décharge des couples secondaires.** — Nous avons fait remarquer plus haut, dans l'étude du voltamètre à électrodes de plomb (18), que la réduction du peroxyde de plomb formé sur l'électrode positive, sous l'action du courant primaire, n'était pas la seule action chimique produite ni la seule cause de la force électromotrice du courant secondaire, mais que l'autre électrode de plomb s'oxydait en même temps, par suite de la décomposition de l'eau à l'intérieur du couple secondaire lui-même.

Cette oxydation, à peine visible dans un voltamètre, est rendue évidente dans les couples secondaires, pendant leur décharge, par un phénomène très net.

Si l'on décharge un de ces couples, en faisant rougir, par exemple, un fil de platine, la lame négative conserve d'abord, dans sa partie extérieure visible, la teinte gris clair du plomb métallique, pendant presque tout le temps que dure l'incandescence; mais, dès que le fil cesse de rougir, on voit apparaître un voile sombre qui recouvre la surface extérieure de la lame et lui donne une teinte d'un gris plus foncé. L'oxydation de cette lame par le courant intérieur du couple secondaire n'est pas assez complète ni assez prolongée pour lui donner la teinte du peroxyde de plomb; mais son changement d'aspect physique est néanmoins appréciable et révèle le phénomène chimique produit. Pendant la plus grande partie de la décharge, l'oxydation se développait à l'intérieur de la spirale; vers la fin, elle a envahi peu à peu la lame tout entière, et, naturellement avec plus de lenteur, la partie extérieure qui n'est pas en regard de l'autre électrode.

69. On observe aussi, pendant la décharge des couples secondaires, surtout dans les premiers temps de leur formation, le dégagement de gaz qui se manifeste dans quelques voltamètres (13) après la rupture du courant primaire. Ici le phénomène est encore plus marqué, surtout si on ferme le circuit du couple secondaire par un fil gros, court et bon conducteur, en raison de l'intensité du courant qui se développe à l'intérieur du couple.

70. **Durée de la décharge des couples secondaires.** — Suivant qu'un couple secondaire est plus ou moins bien *formé*, la décharge est de plus ou moins longue durée. Ainsi un de ces couples peut rougir un fil de platine de 1^{mm} de diamètre, de 1 à 10 minutes, selon le degré de sa

formation. Mais, avec un même couple, la durée de la décharge dépend évidemment aussi de la résistance du conducteur que doit traverser le courant. Avec un couple secondaire qui ne donnerait, en employant un gros fil de platine, qu'une incandescence de quelques minutes, on peut obtenir l'incandescence prolongée pendant 1 heure d'un fil de platine de 2/10es de millimètre de diamètre.

La durée de la décharge des couples secondaires dépend donc, à la fois, de la grandeur de leur surface, de l'épaisseur des dépôts produits sur les lames, particulièrement de la couche de peroxyde de plomb qui pénètre la lame positive, et enfin de la résistance du fil conducteur par lequel on ferme le circuit secondaire.

71. Constance du courant secondaire pendant la décharge ([1]). — Les résistances opposées au passage du courant secondaire, dans lequel la *quantité* d'électricité a plus d'importance que la *tension*, jouent le rôle de *modérateurs* ou de *régulateurs*, et transforment ainsi les effets d'un courant d'une nature temporaire en un courant relativement constant pendant un temps assez long. Ainsi, avec une résistance de 5o^m de fil de cuivre de 1^{mm} de diamètre, mise dans le circuit d'un couple secondaire et d'une boussole des sinus dont le fil avait une résistance de 3^m, nous avons obtenu une intensité sensiblement constante pendant 1 heure environ.

72. Cette constance de la part d'un courant qui semblerait, au premier abord, devoir décroître continuellement, dès qu'on ferme le circuit, s'explique par la grande *quantité* d'électricité *emmagasinée*, sous forme de travail chimique, dans le couple secondaire, avec une *tension* relativement faible.

([1]) *Les Mondes*, t. XXVII, 1872, p. 474.

De même qu'un vase très large contenant une grande quantité de liquide, sous une très faible hauteur, fournirait pendant longtemps, par un petit orifice, un écoulement à peu près constant et cessant d'une manière rapide, dès que le liquide arrive au-dessous du niveau de l'orifice, de même un couple secondaire de grande surface, soit qu'il rougisse un fil métallique, soit qu'il produise une déviation galvanométrique, n'accuse une diminution d'intensité que quelques instants avant de cesser complètement de fournir de l'électricité.

Le fait est frappant quand on décharge le courant secondaire en lui faisant traverser un fil fin de platine. L'incandescence se maintient longtemps uniforme et cesse presque brusquement, dès que la provision de travail chimique accumulée dans le couple est épuisée.

73. Nous l'avons constaté, d'une manière plus nette encore, en traçant la courbe des intensités du courant secondaire, pendant la durée de la décharge produite avec une certaine résistance dans le circuit. La courbe est, pendant la plus grande partie de son développement, une ligne presque droite, sensiblement parallèle à l'axe sur lequel on compte les temps et ne s'abaisse brusquement que vers la fin de la décharge.

74. Nous faisons abstraction ici de l'effet produit pendant les premiers instants de la décharge qui suivent la rupture du courant primaire. Aussitôt après cette rupture, il y a toujours un effet maximum dû à la double origine de la force électromotrice secondaire produite. Cette force, ainsi que cela résulte de l'étude des voltamètres (28, 31, 34), est due aux actions chimiques exercées par le courant primaire, à la fois sur les électrodes et sur le liquide qui les entoure.

Les produits résultant de cette dernière action, tels

que l'eau oxygénée, formés en très petite quantité, très
instables et peu adhérents autour des électrodes, sont
immédiatement réduits ou se mélangent au reste du liquide.
Alors même qu'on laisse le circuit secondaire ouvert, leur
action disparaît, comme nous le verrons plus loin, en traitant de la force électromotrice des couples secondaires.

Les produits résultant, au contraire, de l'action du
courant primaire sur les électrodes, sont formés en certaine
quantité, restent adhérents aux électrodes et ne changent
de nature que lorsqu'on ferme le circuit secondaire.

De là, deux actions contribuant à la production du
courant secondaire dans les couples dont il s'agit : l'une
n'agissant que pendant les premières secondes qui suivent
la rupture du courant primaire, l'autre pouvant se prolonger pendant 1 heure.

C'est ce dernier effet, ce courant persistant des couples
secondaires, qui présente la constance que nous avons
signalée plus haut.

**75. Conservation de la charge prise par les couples
secondaires.** — Les couples secondaires à lames de plomb
acquièrent, par l'opération de la *formation*, une propriété
précieuse : celle de conserver une grande partie de leur
charge pendant un temps assez long, après l'action du
courant primaire.

Ainsi un couple secondaire bien *formé* et bien chargé
peut encore rougir un fil de platine de $0^{mm},5$ de diamètre,
pendant quelques minutes, deux ou trois semaines après
avoir été chargé.

Nous avons même obtenu quelquefois cet effet avec
des couples exceptionnellement bien formés, plus d'un
mois après les avoir soumis à l'action du courant primaire.

76. Si le peroxyde de plomb, déposé sur la lame positive,
ne tendait pas à se réduire spontanément dans l'eau acidulée,

en formant un circuit local avec le métal qu'il recouvre, la conservation de la charge prise par le couple secondaire devrait être indéfinie. Mais ce peroxyde se réduit, et avec d'autant plus de facilité qu'il est en couche plus mince. Aussi, dans un couple secondaire neuf, la charge ([1]) ne peut-elle point se conserver.

Comment se conserve-t-elle, au contraire, en n'allant que très lentement en décroissant, dans un couple secondaire formé ?

On peut se l'expliquer en considérant que, si le dépôt de peroxyde de plomb a une certaine épaisseur, la couche tout à fait superficielle, en contact immédiat avec le liquide, se réduit seule à l'état de protoxyde et protège ensuite de l'altération les couches sous-jacentes.

77. Il semble difficile, au premier abord, de concevoir une couche d'oxyde non conducteur préservant une électrode d'une action chimique, quand il ne circule point de courant dans l'appareil, et impuissante à la protéger, dès qu'il y a un circuit électrique formé. Mais on sait, d'autre part, combien l'intervention de la force électrique est puissante pour modifier ou déterminer des actions qui n'auraient point lieu sans elle, et nous citerons, en passant, un cas dans lequel un effet analogue peut être facilement mis en évidence.

Si l'on emploie, par exemple, un voltamètre à eau acidulée dans lequel le pôle positif est formé par une couche de mercure, et le pôle négatif par un fil de platine, il se forme à la surface du mercure, dès les premiers instants du passage

([1]) Nous employons ici le mot de *charge*, à défaut d'un autre plus exact, pour désigner l'effet résultant de l'accumulation du travail chimique de la pile primaire dans le couple secondaire. Il peut, sans doute, y avoir aussi une véritable charge statique comme dans un condensateur, mais entièrement négligeable, malgré la grandeur des surfaces, à cause de la conductibilité du milieu qui sépare les deux lames métalliques (35).

du courant principal, une couche de sulfate de mercure insoluble qui affaiblit bientôt, d'une manière notable, l'intensité du courant. Vient-on à renverser le sens du courant, cette couche superficielle n'est plus un obstacle à l'action électrochimique; le sulfate de mercure est immédiatement balayé de la surface du mercure, comme s'il était chassé par un courant d'air; il entre en suspension dans le liquide, tandis que la surface du mercure s'éclaircit et donne bientôt naissance à un dégagement régulier d'hydrogène.

Dans un couple secondaire à lames de plomb, les choses se passent de la même manière, quand le courant principal est suffisamment énergique et qu'on vient à en changer le sens. Les dépôts sont quelquefois détachés et tombent en écailles au fond du liquide.

On conçoit donc que, lorsque le circuit du couple secondaire est fermé, les actions électriques mises en jeu déterminent des réactions chimiques, telles que des réductions ou des oxydations sous des couches non conductrices qui peuvent exercer une action protectrice, quand un circuit électrique n'est point constitué.

78. Résidus fournis par les couples secondaires. — Les couples secondaires, une fois déchargés, peuvent donner, au bout d'un certain temps, sans avoir été chargés de nouveau, des *résidus* analogues à ceux que donnent les bouteilles de Leyde.

Si l'on fait rougir, par exemple, un fil de platine par la décharge de l'un de ces couples, et si l'on interrompt le circuit dès que le fil a cessé de rougir, on pourra, au bout de 15 ou 30 minutes, observer encore une incandescence de quelques instants en refermant le circuit secondaire.

Si le couple a été très complètement chargé, et si la décharge a duré longtemps, on obtiendra, le lendemain et même plusieurs jours après, une décharge résiduelle dont la durée pourra être de 2 ou 3 minutes.

On obtiendrait même encore une série d'autres décharges successives d'intensité décroissante.

Ce phénomène provient de ce que la couche de peroxyde de plomb produite sur la lame positive n'est pas réduite, dans toute son épaisseur, par la première décharge du couple secondaire.

En effet, pendant cette première décharge, tandis que la lame de plomb peroxydée se réduit, l'autre lame s'oxyde, ainsi que nous l'avons dit (50), et tend à produire un courant inverse à l'intérieur du couple secondaire lui-même. La force électromotrice de ce courant, qu'on pourrait qualifier de *tertiaire*, finit par équilibrer la force électromotrice du couple; les deux lames se trouvent bientôt dans un état électrochimique à peu près identique, et la décharge du couple semble terminée.

Mais si l'on ouvre de nouveau le circuit, la couche *mince* d'oxyde formée, pendant la décharge, sur la lame de plomb antérieurement négative, se réduit peu à peu dans l'eau acidulée, comme nous l'avons également expliqué plus haut (76). Au bout d'un certain temps (plus ou moins long, suivant la durée qu'a eue la décharge elle-même du couple secondaire), cette couche est complètement ou partiellement réduite, et comme, d'autre part, la couche *épaisse* de peroxyde de plomb développée sur la lame positive du couple par la pile primaire n'a pas été entièrement réduite dans toute sa profondeur pendant la décharge, les deux lames se trouvent de nouveau dans un état électrochimique différent, et, par suite, on peut obtenir une nouvelle décharge en refermant le circuit.

Les résidus successifs d'intensité décroissante obtenus ensuite s'expliqueraient de la même manière.

79. **Intensité d'un couple croissant, par le repos, après la décharge.** — Un phénomène plus singulier encore que présentent quelquefois les couples secondaires est le suivant :

On prend un couple abandonné très longtemps à lui-même, sans avoir été rechargé. Ainsi que nous l'avons dit (61), ces couples se rechargent assez difficilement. On le fait traverser, pendant quelques heures, par le courant de deux éléments de Bunsen, et quand on constate que le couple échauffe un fil fin de platine, sans pouvoir encore le faire rougir, on interrompt la communication avec la pile primaire. Au bout de 24 heures de repos, on observe que le couple rougit ce même fil de platine.

Ainsi, dans ce cas, le couple semble prendre, par le repos même, une force supérieure à celle que pouvait lui donner la pile primaire.

Nous pensons qu'on peut se rendre compte de ce fait de la lumière suivante : Pendant que le courant primaire traverse le couple secondaire, les gaz de l'électrolyse tendent à se dégager entre le métal et les couches d'oxyde plus ou moins réduit qui le recouvrent. Ces gaz, ne pouvant se dégager facilement, augmentent par leur présence la résistance du couple secondaire, en empêchant le contact avec le liquide des surfaces des lames, à mesure qu'elles sont oxydées ou réduites par le courant primaire. Vient-on à suspendre l'action de ce courant, les gaz se dégagent peu à peu, les surfaces métalliques, modifiées par le courant primaire, se trouvent mieux en contact avec le liquide, et le couple secondaire peut donner, dans ce cas tout à fait exceptionnel, une décharge d'une intensité plus grande après le repos qu'aussitôt après l'action de la pile primaire.

80. **Force électromotrice des couples secondaires à lames de plomb.** — La mesure de la force électromotrice des couples secondaires à lames de plomb offre un peu plus de facilité que celle d'un voltamètre, car la durée de la décharge est plus longue, en raison de la plus grande surface des couples et de la plus grande quantité des dépôts accumulés. Toutefois, il y a, comme nous l'avons vu (74), un

maximum de force électromotrice qui suit immédiatement la rupture du courant primaire, et qui est d'assez courte durée, à cause de la nature particulière des actions chimiques qui le produisent. Il faut donc, pour déterminer ce maximum de force, opérer à peu près de la même manière que pour les voltamètres (6), c'est-à-dire fermer le circuit secondaire le plus rapidement possible, après la rupture du courant primaire, et examiner le premier effet produit sur l'appareil galvanométrique.

Nous avons effectué cette mesure par diverses méthodes, soit à l'aide de la boussole des sinus et de résistances variées, soit avec la balance électromagnétique (9), en opérant sur un seul couple secondaire ou sur un grand nombre réunis en tension.

Dans une expérience, entre autres, faite sur 40 éléments secondaires chargés tous simultanément, comme on le verra plus loin (Chap. III), par trois couples de Bunsen, et réunis en tension au moment de la décharge, nous avons obtenu une attraction de la balance électromagnétique égale à 9^g,450, ce qui correspond à 0^g,236 par couple secondaire. La force électromotrice d'un élément de Bunsen, mesurée à l'aide de la même balance, a été trouvée égale à 0^g,164.

Si l'on prend cette force électromotrice pour unité, on en déduit, pour celle de l'élément secondaire à lames de plomb, le nombre 1,44.

En opérant sur un seul couple secondaire bien formé, on a nécessairement une charge plus parfaite, même avec deux éléments de Bunsen, comme source primaire, au lieu de trois, comme dans l'expérience précédente, et la plupart des nombres que nous avons obtenus se sont trouvés alors compris entre 1,45 et 1,50.

On peut donc considérer la force électromotrice inverse des couples secondaires à lames de plomb, observée aussitôt après la rupture du courant primaire, comme approximativement égale à une fois et demie celle de l'élément de Bunsen, ou à deux fois et demie environ celle de l'élément de Daniell.

C'est, du reste, le résultat que nous avions trouvé avec un simple voltamètre (20).

81. Si l'on mesure cette force électromotrice 2 ou 3 minutes après la rupture du courant primaire, alors même que le circuit secondaire est resté ouvert, on la trouve notablement diminuée et réduite à 1,17, par suite de la disparition des causes qui produisent une polarisation de courte durée et que nous avons rappelées ci-dessus (74).

Mais la force électromotrice se maintient, à ce degré, très constante pendant presque toute la durée de la décharge.

82. Cette différence entre la force électromotrice initiale d'un couple secondaire à lames de plomb et sa force électromotrice subséquente est d'ailleurs facile à apprécier, quand on produit la décharge d'un couple secondaire à travers un fil de platine, aussitôt après l'action de la pile primaire. Dans le premier instant, l'incandescence est très vive et peut aller jusqu'à la fusion du fil. Si l'on met, au contraire, un intervalle de quelques minutes entre l'action du courant primaire et la décharge, on a une incandescence moins vive, mais très uniforme jusqu'à la fin de la décharge du couple secondaire (73).

83. **Résistance des couples secondaires à lames de plomb.** — Nous avons déterminé d'abord la résistance des couples secondaires [1] par une méthode analogue à celle qu'on a employée quelquefois pour la mesure de la résistance des voltamètres, en opposant deux couples secondaires l'un à l'autre, à l'aide d'un commutateur parti-

[1] *Annales de Chimie et de Physique*, 4e série, t. XV, 1868, p. 19.

culier, au moment de la rupture du courant primaire, de manière que leur force électromotrice soit annulée et que leur double résistance soit seule en jeu.

Mais, depuis que nous sommes parvenu à obtenir, par la *formation* des couples secondaires, une décharge d'assez longue durée et d'une certaine constance, nous avons pu mesurer la résistance de ces couples préalablement bien chargés, comme celle des couples ordinaires à courant constant.

La méthode, basée sur l'emploi de la boussole des sinus et des résistances métalliques variées introduites dans le circuit, ne nous ayant pas fourni des nombres très concordants, nous avons donné, en dernier lieu, la préférence à une méthode basée sur l'emploi des courants dérivés, due à Sir William Thomson, simplifiée par M. Mouton [1], et présentée, avec raison, comme l'une des plus commodes et des plus rapides qu'on puisse employer pour mesurer la résistance des couples voltaïques.

Nous avons trouvé que la résistance des couples secondaires des diverses dimensions dont nous avons fait usage variait de 2^m à 5^m de fil de cuivre de 1^{mm} de diamètre.

. Nous avons reconnu que la grandeur des surfaces ou la dimension du couple secondaire, qui a une grande influence sur la durée de la décharge, influe beaucoup moins sur la résistance des couples que le rapprochement plus ou moins grand des lames, le degré plus ou moins parfait de leur *formation* et leur état d'entretien. Ainsi des couples de très petite surface (2^{dm^2}), dont les lames n'étaient séparées que par une distance de 2^{mm}, n'avaient qu'une résistance de 3^m environ de fil de cuivre de 1^{mm}, tandis que des couples de $0^{m^2},5o$ de surface, dont les lames avaient entre elles un intervalle de 5 à 6^{mm} et qui étaient restés longtemps sans fonctionner, avaient une résistance de 4 à 5^m.

---

[1] Ch. D'ALMEIDA, *Journal de Physique*, t. V, 1876, p. 144.

Quoi qu'il en soit, il résulte de ces déterminations que la résistance des couples secondaires est très faible, et l'on s'explique ainsi l'intensité des effets qu'ils permettent d'obtenir.

84. Force électromotrice que doit avoir le courant primaire. — On peut conclure aussi des déterminations précédentes relatives à la force électromotrice (80) que, pour charger des couples secondaires à lames de plomb, une condition nécessaire et suffisante est d'employer un courant primaire de force électromotrice supérieure à une fois et demie celle de l'élément de Bunsen. Aussi deux de ces éléments conviennent-ils parfaitement dans ce but, comme nous l'avons déjà vu (41). Trois éléments chargeraient sans doute plus vite le couple secondaire; mais cet excès de force électromotrice n'est pas nécessaire et peut même avoir l'inconvénient, si les couples ont été *formés* avec un courant plus faible, de détacher les couches d'oxyde et de métal réduit déposées à la surface des lames, en produisant un trop vif dégagement de gaz.

Si l'on veut employer des éléments de Daniell comme source du courant primaire, trois suffisent pour dépasser la force électromotrice inverse du couple secondaire; mais, comme ils la surpassent moins que deux éléments de Bunsen, ils chargent le couple secondaire moins complètement. D'ailleurs, ils fournissent, dans un temps donné, une moindre quantité d'électricité. Aussi la charge dure-t-elle beaucoup plus longtemps et, comme il peut y avoir des causes de perte dont nous parlerons ci-après (92), ces couples ne peuvent charger aussi complètement les couples secondaires. Ils conviennent toutefois pour les entretenir en charge (62).

85. Limite de la charge que peuvent prendre les couples secondaires. — Il semble qu'on pourrait, en augmentant indéfiniment la surface d'un couple ou d'une réunion de couples secondaires, obtenir, avec une faible pile primaire donnée, un courant secondaire d'une intensité indéfinie. Mais il y a une limite qu'on ne saurait dépasser en prolongeant la durée de la charge. De même qu'on ne peut charger complètement des batteries de condensateurs pour l'électricité statique, d'une grande surface, à l'aide de machines électriques de très faibles dimensions, en raison des pertes dans l'air qui se produisent, quand la charge dure un temps trop long, de même, ici, il existe une cause de perte pendant que l'on charge, dans la tendance du peroxyde de plomb à se réduire spontanément au sein de l'eau acidulée, à mesure qu'il se forme (76). Cette réduction est d'autant plus facile que la couche est plus lentement déposée, et, par suite, plus mince, de sorte qu'il arrive un moment où l'action du courant primaire, pour renouveler ou maintenir cette couche à la surface de la lame, est équilibrée par la tendance du peroxyde de plomb à se réduire dans le liquide. On obtient alors la limite de la charge que peut prendre le couple secondaire avec la source primaire dont on dispose.

86. **Couple secondaire chargé par une pile thermoélectrique.** — Tout appareil donnant un courant continu d'électricité dans le même sens peut servir à charger les couples secondaires, pourvu qu'il ait une force électromotrice suffisante, comme nous venons de le voir (84). Ainsi, on peut charger, par exemple, un couple secondaire avec une pile thermoélectrique d'Ed. Becquerel ou de Clamond, et si l'on produit plus tard, avec la décharge, l'incandescence d'un fil de platine, on dépense, de cette manière, sous forme de chaleur, une portion de la chaleur même consommée pour la charge, et qui s'est trouvée emmagasinée, par l'intermédiaire d'une action électrochimique, dans le couple secondaire.

87. Couple secondaire chargé et déchargé à l'aide de la machine Gramme. — La charge d'un couple secondaire peut être également obtenue par un travail mécanique, et restituée sous la même forme, plus ou moins longtemps après avoir été effectuée.

C'est ce qui résulte d'une expérience que nous avons faite en commun avec M. Alfred Niaudet (¹), à l'aide de

Fig. 15.

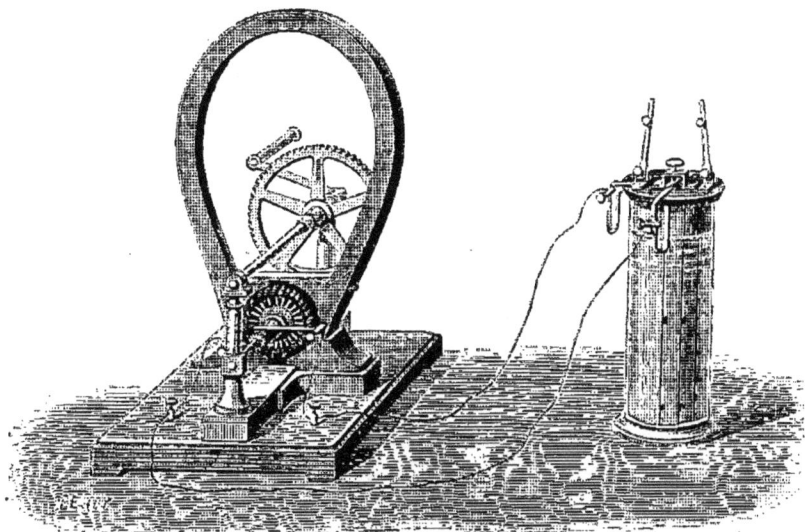

la machine Gramme, qui donne, comme on le sait, un courant continu de même sens, et qui, étant réversible, comme les machines magnéto-électriques en général, peut servir de moteur électromagnétique.

La figure 15 représente cette expérience. Une machine Gramme à aimant Jamin est mise en relation avec un couple secondaire qui peut être, pour cette démonstration, de dimension beaucoup moins grande que celui que nous avons décrit plus haut (45).

(¹) G. PLANTÉ et A. NIAUDET, *Sur une expérience d'électrodynamique* (*Comptes rendus*, t. LXXVI, 1873, p. 1259).

Si, après avoir chargé le couple, on arrête la machine sans rompre la liaison entre les deux appareils, on la voit aussitôt se remettre en mouvement sous l'influence du courant de décharge, et l'on constate un fait qui semble, au premier abord, paradoxal : c'est que la machine tourne, non point en sens inverse, mais dans le sens même du mouvement dont elle était animée pour charger le couple secondaire.

Ce fait peut s'expliquer de la manière suivante : si l'on considère d'abord le sens du courant fourni par la machine, celui du courant restitué par le couple secondaire, qui est inverse du précédent, et si l'on tient compte des actions qui en résultent, on reconnaît, d'après les lois de l'induction et de l'électrodynamique, que le mouvement de rotation doit bien s'effectuer dans le sens qu'indique l'expérience. D'autre part, il faut remarquer que, pendant la charge du couple secondaire, la machine Gramme, animée d'une grande vitesse, a une force électromotrice supérieure à la force inverse qui tend à se développer dans le couple. Lorsqu'on arrête la machine, et que le couple, en se déchargeant, la fait tourner, à son tour, dans le même sens, la vitesse qu'il lui imprime n'est pas assez grande pour faire naître une force électromotrice supérieure à celle qu'il possède lui-même.

La rotation a donc lieu en vertu d'une différence entre deux forces électromotrices opposées : celle du couple secondaire chargé qui est prédominante, et celle plus faible que tend à développer la machine par son mouvement sous l'influence de la décharge du couple secondaire.

On peut dire que, dans cette expérience, la machine Gramme qui, dès qu'elle est en rotation, produit les mêmes effets qu'une pile, se polarise sous l'influence de la décharge du couple secondaire, puisqu'elle lui oppose une force électromotrice inverse, de sorte qu'on retrouve là une reproduction, pour ainsi dire mécanique, de la polarisation voltaïque.

88. Analogies diverses que présentent les couples secondaires. — Quand on considère les effets produits par les couples secondaires dont nous venons d'exposer les principales propriétés, on trouve que ces appareils peuvent jouer le même rôle, pour l'électricité dynamique, que la bouteille de Leyde et les condensateurs pour l'électricité statique. L'analogie se poursuit même, comme on l'a vu, jusque dans les décharges résiduelles qu'ils fournissent.

Toutefois, nous avons fait remarquer (48) que la cause du courant produit par les couples secondaires était purement chimique, que s'il y avait condensation proprement dite d'électricité, cet effet était négligeable, et que ces instruments n'emmagasinaient pas directement l'électricité elle-même, mais le travail chimique de la pile.

Nous n'insisterons donc pas davantage sur cette analogie, et nous en signalerons quelques-unes d'un autre ordre qui ne présentent pas moins d'intérêt.

89. Ces couples secondaires peuvent être assimilés aussi à tous les appareils qui servent, en mécanique, à l'*accumulation* du *travail* résultant de l'action des orces, tels que les *accumulateurs* hydrauliques, les réservoirs d'air comprimé, les ressorts si justement nommés des *moteurs secondaires*, les moufles, le treuil, etc., en remontant jusqu'à l'organe le plus simple, le levier lui-même.

Un couple secondaire est, en effet, une sorte de levier pour l'électricité dynamique; car il permet d'obtenir, avec une faible force électrique, un accroissement de cette force, dans telle proportion que l'on voudra, à la condition de perdre de la vitesse ou de faire un sacrifice de temps nécessaire pour en accumuler les effets.

Les mêmes principes que ceux qui s'appliquent au levier doivent être pris en considération; autrement, les couples secondaires pourraient donner lieu également à des illusions et à des essais dont l'inutilité se démontrerait par les mêmes raisons que l'impossibilité du mouvement perpétuel.

90. L'un des principaux avantages que présentent ces couples secondaires est d'offrir une provision de travail électrique disponible, ou, comme on l'exprime quelquefois aujourd'hui, une énergie potentielle que l'on peut dépenser à son gré, en un temps plus ou moins long.

Nous avons considéré jusqu'ici que l'on effectuait cette dépense en un temps plus court que celui qui était employé pour l'accumulation, de manière à obtenir un effet d'une intensité supérieure à celle de la force primaire. Mais il peut être intéressant aussi, dans certains cas, de charger un couple secondaire avec une force plus grande, en un temps très court, et de dépenser ensuite, dans un temps plus long, le travail accumulé.

L'expérience suivante est, à ce point de vue, très démonstrative.

On prend, comme source électrique primaire, une pile de deux éléments de Bunsen, assez forte pour rougir un fil de platine de 0^{mm},5 de diamètre, et l'on charge à l'aide de cette source, pendant 1 minute seulement, un couple secondaire bien *formé*. On décharge ensuite le couple secondaire, à l'aide d'un fil notablement plus fin que celui que peut rougir la source primaire, un fil de 1/10e de millimètre, par exemple, et l'on constate que ce fil rougit environ pendant 5 minutes.

La dépense du travail emmagasiné a duré, dans ce cas, beaucoup plus longtemps que son accumulation par la source primaire. On réalise ainsi un effet analogue à celui qu'on produit en tirant rapidement la corde enroulée autour d'un tore ou d'une toupie, et laissant ensuite l'appareil dépenser, par un mouvement de rotation prolongé, la force motrice qui lui a été communiquée en un instant très court.

91. Rendement des couples secondaires. — Cette manière d'envisager les couples secondaires, en les assimilant aux appareils accumulateurs du travail mécanique, nous a conduit à mesurer leur *rendement,* ou le rapport du travail électrique *restitué* par leur décharge, à celui du travail électrique *dépensé* pour les charger.

Le travail le plus directement effectué par le courant voltaïque étant un travail chimique, nous avons comparé la somme de toutes les actions chimiques produites dans le circuit pendant la charge, à celle des actions du même genre produites pendant la décharge. Pour terme de comparaison, nous avons choisi la réduction du sulfate de cuivre, comme étant la réaction électrochimique la plus facilement susceptible de mesure.

Un couple à sulfate de cuivre, muni d'une lame de platine préalablement pesée, a été ajouté à la pile primaire composée de deux éléments de Bunsen; d'autre part, on a mis un couple secondaire bien *formé* en relation avec la pile primaire, pendant un certain temps, et on a arrêté le passage du courant primaire dès que le dégagement de gaz a commencé à apparaître dans le couple secondaire, celui-ci étant alors, ainsi qu'on l'a vu plus haut (60), chargé à peu près à saturation. La lame de platine du couple témoin, couverte de cuivre, a été pesée après l'expérience.

Cela fait, on a déchargé le couple secondaire, en fermant son circuit par un voltamètre à sulfate de cuivre, muni d'une autre lame de platine préalablement pesée, et l'on n'a arrêté l'expérience que lorsque l'action du courant secondaire a été complètement épuisée. On considérait ce résultat comme atteint quand la déviation d'un galvanomètre placé également dans le circuit était réduite à zéro.

En comparant, d'après les dépôts de cuivre obtenus, le travail chimique total *rendu* par le couple secondaire, pendant sa décharge, avec le travail chimique total dépensé pendant la charge, nous avons trouvé que la proportion ou *rendement* était de 88 à 89 centièmes.

Les causes de perte de travail correspondant aux 11 ou 12 centièmes que l'on ne retrouve point dans le rendement sont les suivantes :

1º La réduction spontanée dans l'eau acidulée d'une petite portion du peroxyde de plomb à mesure qu'il se dépose sur la lame positive, cause d'autant plus influente que la surface du couple secondaire est plus grande, que la couche déposée, par suite, est plus mince, et que la charge dure plus longtemps. Avec un couple d'une surface extrêmement grande par rapport à celle de la pile primaire servant à le charger, cette cause de perte croîtrait elle-même d'une manière indéfinie, et le couple ne pourrait presque pas se charger.

2º La *formation* incomplète du couple secondaire : une portion des gaz se décharge alors sans produire d'effet chimique utile pour la production ultérieure du courant secondaire.

3º La polarisation ou le développement de la force électromotrice inverse à l'intérieur du couple secondaire lui-même pendant qu'il fonctionne. Il en résulte que, lors de la décharge du couple secondaire, on ne recueille point la portion de travail dissimulée par cet effet. Pour retrouver cette perte, il faudrait déterminer le travail qui serait produit par les résidus (78) et l'ajouter au rendement.

Quoi qu'il en soit, malgré ces causes de perte, on voit, d'après le rendement obtenu, presque égal à 90 centièmes, qu'un couple secondaire à lames de plomb, bien *formé*, constitue un *accumulateur* assez parfait du travail de la pile voltaïque.

CHAPITRE III.

TRANSFORMATION DE LA FORCE DE LA PILE VOLTAÏQUE À L'AIDE DE BATTERIES SECONDAIRES À LAMES DE PLOMB.

Batteries secondaires de tension. — Dispositions diverses. — Leurs effets. — Instructions relatives à l'usage des batteries secondaires. — Analogies.

93. Les résultats que nous venons d'exposer permettent, comme on l'a vu, d'accumuler la *quantité* d'électricité émanant d'une source voltaïque donnée, sans obtenir toutefois une *tension* supérieure à celle de la source. Mais certains effets électriques exigent, pour être produits, que la quantité d'électricité soit accompagnée d'une assez grande tension. Il était donc intéressant de chercher à obtenir, d'une manière facile et sans trop de perte dans la transformation, des effets d'une tension supérieure à celle d'une source électrique donnée.

La pile à gaz de M. Grove a offert une première solution approchée du problème. En chargeant, en effet, successivement un certain nombre de couples à gaz, à l'aide d'une même pile primaire, de manière à les remplir des gaz provenant de l'électrolyse, on constitue une pile d'une force électromotrice supérieure à celle de la pile primaire. Mais la pile à gaz ne pouvant fournir qu'une très petite quantité d'électricité, et chacun des couples n'ayant, en outre, qu'une force électromotrice assez faible, cette solution de la question présentait plus d'intérêt au point de vue théorique qu'au point de vue de l'utilité pratique; car il était difficile d'en tirer parti, même pour des recherches scientifiques.

L'appareil connu sous le nom de condensateur électro-chimique de de la Rive (¹) a permis de produire, par l'emploi de l'extra-courant développé dans une bobine d'induction par un seul couple voltaïque, l'électrolyse de l'eau dans un voltamètre à électrodes de platine, résultat qui n'eût pas été possible à l'aide d'un couple seul, et attestant, par suite, le développement d'une force électromotrice supérieure à celle de ce couple.

Les travaux de Poggendorff (²) ont montré qu'on pouvait obtenir, à l'aide de plusieurs voltamètres à électrodes de platine, polarisés par un courant donné, une augmen-tation encore plus notable et même indéfinie de la force électromotrice de ce courant, en recueillant, à l'aide d'un commutateur à bascule et à mercure, le courant de polari-sation émané de tous les voltamètres successivement asso-ciés en surface et en série.

M. J. Müller (³) a employé, pour le même but, un commu-tateur à ressorts dans lequel le mercure était supprimé, et qui pouvait être animé d'un mouvement continu de rotation.

La batterie de polarisation de M. Thomson (⁴) a offert encore une autre solution du problème, en permettant de charger successivement, un par un, avec une grande rapi-dité, et de décharger de même une série de voltamètres à lames de platine, de manière à obtenir finalement un courant continu d'une tension supérieure à celle de la pile primaire servant à les charger.

(¹) A. DE LA RIVE, *Archives de l'Électricité*, t. III, 1843, p. 159; *Traité d'Électricité*, t. I, p. 391.

(²) *Annales de Poggendorff*, t. LX, 1843, p. 568, et t. LXI, 1844, p. 586.

(³) G. WIEDEMANN, *Traité de galvanisme et d'électromagnétisme*, 2ᵉ édit., t. I, p. 657.

(⁴) *Annales de Poggendorff*, t. CXXIV, 1865, p. 163.

94. Nous avons appliqué, à notre tour ([1]), les couples secondaires à lames de plomb, décrits dans le chapitre précédent, à la production d'un courant d'une tension supérieure à celui de la pile primaire, en mettant à profit leur force électromotrice inverse déjà assez élevée par elle-même, et la persistance de son action après le passage du courant primaire.

Le plomb offrant, en outre, l'avantage de se prêter facilement à l'emploi des grandes surfaces, nous avons pu produire des effets très supérieurs, à la fois en *tension* et en *quantité*, à ceux du courant primaire, et transformer ainsi en même temps qu'accumuler le travail de la pile voltaïque.

95. **Batterie secondaire de tension à lames de plomb parallèles.** — La figure 16 représente la première disposition que nous avons employée. Les couples secondaires, au nombre de 40 ([2]), étaient formés chacun de deux lames de plomb de $0^m,20$ sur $0^m,20$, contenues dans des auges très étroites en gutta-percha, et immergées dans l'eau acidulée. Chacune des lames de plomb aboutissait, par un prolongement, à une lamelle de cuivre dont les deux extrémités portaient des ressorts et pouvaient être pressées soit par des règles métalliques MM′, NN′, soit par une règle isolante BB′ garnie en dessous de parties métalliques. Ces règles étaient assemblées entre elles de manière à former un cadre auquel on pouvait donner un mouvement de bascule.

Dans la position du cadre représentée par la figure 16, tous les ressorts communiquant avec les lames de plomb de rang impair sont pressés par la tringle MM′, et tous ceux

---

([1]) *Annales de Chimie et de Physique*, 4e série, t. XV, 1868, p. 22.
([2]) On n'a représenté qu'une vingtaine de couples, pour la clarté de la figure.

qui communiquent avec les lames de rang pair sont pressés par la tringle NN'. Les couples secondaires sont ainsi réunis en surface ou en quantité et se chargent par l'intermédiaire des fils H, H', à l'aide d'une pile de trois éléments de Bunsen, placée auprès de l'appareil.

Quand on abaisse la règle isolante BB', les portions métalliques de sa surface inférieure pressent et réunissent ainsi, deux par deux, les ressorts communiquant avec les pôles voisins et de nom contraire de tous les couples secondaires. La batterie est alors disposée en tension.

En faisant aboutir les deux ressorts extrêmes, par les fils G et G', à des colonnettes métalliques munies de pinces, on pouvait rougir, avec cette batterie, un fil de platine de 2^m de longueur et de $4/10^{es}$ de millimètre de diamètre pendant 1 à 2 minutes (^{1}).

96. **Batterie secondaire de tension, formée de couples à lames de plomb en spirale.** — Les couples de la batterie que nous venons de décrire présentant, à la longue, quelques-uns des inconvénients signalés plus haut (42), nous les avons remplacés par des couples à lames de plomb en spirale, construits comme on l'a vu figure 11 (43), et nous avons donné à l'appareil la disposition représentée figure 17 (^{2}).

Vingt couples secondaires, contenus dans des vases cylindriques en verre remplis d'eau acidulée, sont disposés en deux rangs et communiquent avec les ressorts d'un commutateur analogue au précédent, destiné à associer

---

(^{1}) Quand les couples secondaires étaient neufs, on ne pouvait rougir qu'un fil de platine de $2/10^{es}$ de millimètre de diamètre, et pendant quelques secondes; mais à mesure que les couples se sont formés par l'usage, il a été possible de rougir plus longtemps des fils d'un diamètre double.

(^{2}) *Les Mondes*, t. XXVII, 1872, p. 427.

successivement les couples en quantité pendant la charge
et en tension pendant la décharge.

Deux cylindres en cuivre CC, C'C' sont reliés à une règle
en matière isolante (bois ou caoutchouc durci) garnie de

Fig. 16.

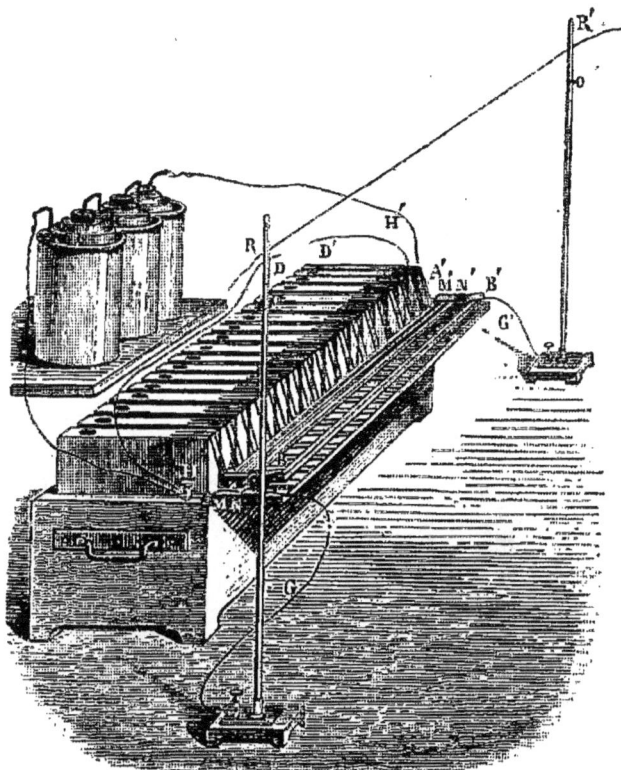

lamelles métalliques, de manière à pouvoir être tournés
simultanément dans un sens ou dans l'autre à l'aide d'un
bouton B, et à venir frotter, alternativement avec la règle,
contre les ressorts r, r, r (1).

L'association de tous les couples secondaires en surface
pendant la charge est représentée par la figure théorique 18,

(1) Ce commutateur a été habilement exécuté par M. J. Morin.

dans laquelle, pour simplifier, les couples sont indiqués par deux lames. Les lames de rang impair $P_1 P_3 P_5 P_{39}$ communiquent toutes ensemble et les lames de rang pair $P_2 P_4 P_6 P_{40}$, d'autre part, communiquent aussi ensemble, quand les ressorts frottent contre les cylindres

Fig. 17.

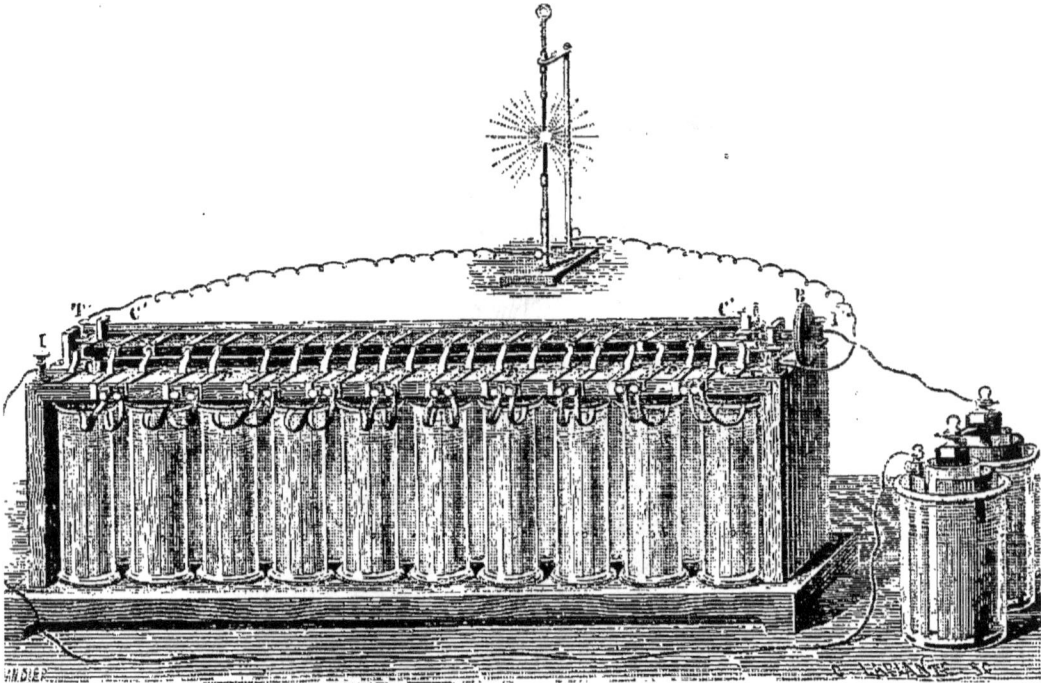

métalliques, représentés ici par deux simples lignes auxquelles aboutissent les fils de la pile primaire.

Les lames de rang pair deviennent ainsi toutes positives, par exemple, pendant la charge, et les lames de rang impair négatives.

La réunion des couples secondaires en tension pendant la décharge est représentée par la figure 19. Quand les ressorts frottent contre les parties métalliques de la règle isolante, tous les couples se trouvent réunis par leurs pôles de nom contraire, et l'on peut recueillir aux deux lames extrèmes le courant de décharge dont le sens est inverse de celui du courant primaire, comme l'indiquent les flèches dans les deux figures.

La figure 17 (*voir* p. 79) représente la batterie produisant

Fig. 18.

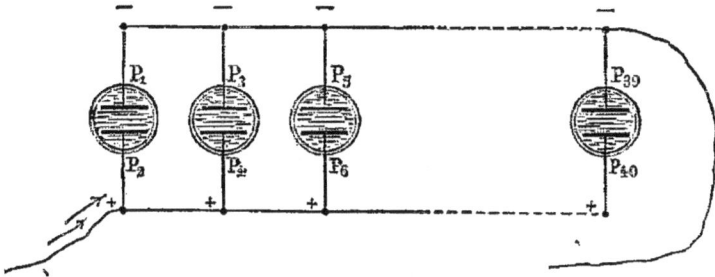

l'arc voltaïque, le commutateur étant tourné dans la position qu'il occupe pendant la décharge.

Pour recharger la batterie, le commutateur doit faire un

Fig. 19.

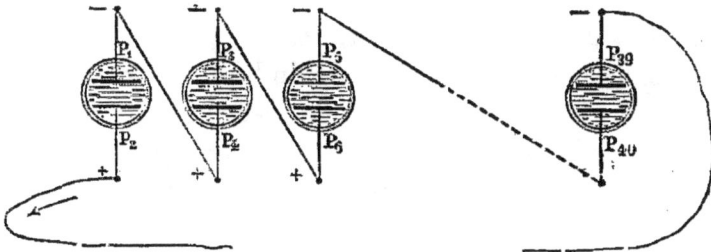

quart de révolution. Tous les couples, réunis alors de manière à n'en former qu'un seul de grande surface, sont soumis à l'action du courant primaire, fourni par deux éléments de Bunsen dont les pôles aboutissent aux bornes I et I'.

97. Les lames des couples en spirale de cette batterie ont 0^m,12 de largeur sur 0^m,18 de longueur. L'écartement des lames est de 3 à 4^{mm} et leur surface utile est d'environ 8$^{dm^2}$.

La résistance de chacun de ces couples chargés est égale à 8^m,77 de fil de cuivre de 1^{mm} de diamètre. Elle est à peu près équivalente à celle d'un couple de Bunsen de même surface.

Mais, comme nous l'avons dit plus haut (83), cette résistance peut varier notablement suivant le degré de *formation* des lames et la distance qui les sépare. Des couples même de plus petite dimension peuvent présenter une résistance moindre.

98. La figure 20 représente une batterie secondaire de plus petite dimension que la précédente et d'une construction plus simple, que nous avons adoptée en dernier lieu, pour nos recherches sur les effets des courants électriques de haute tension. Le commutateur se réduit à une règle en bois, garnie, sur les bords, de bandes en cuivre et traversée par des fiches métalliques. Cette disposition offre quelque analogie avec celle du commutateur du télégraphe à aiguilles de Cooke et Wheatstone.

Dans la position de la règle indiquée par la figure 21, les bandes de cuivre longitudinales *gg'*, vues en coupe, touchent tous les ressorts, tels que *rr'*, et réunissent tous les couples en surface; les fiches métalliques dont l'une d'elles est représentée par *hh'*, et qui traverse la règle, sont isolées du circuit.

Dans l'autre position de la règle (*fig.* 22), les fiches, telles que *hh'*, touchent les mêmes ressorts *rr'* et réunissent ainsi tous les couples en tension.

La surface des petits couples de cette batterie a été réduite à 2$^{dm^2}$ environ, afin de pouvoir les charger dans un temps moins long. Les lames de plomb qui les composent

PLANTÉ.

n'ont, en effet, que 0^m,06 de largeur sur 0^m,10 de longueur. Mais, comme elles sont très rapprochées, la résistance à la conductibilité de ces couples est encore très faible.

Fig. 20.

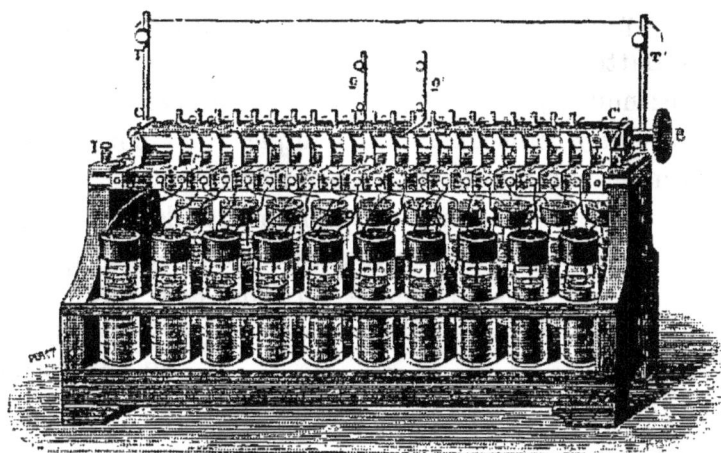

Le commutateur est représenté, figure 20, dans la position qu'il doit occuper pendant la charge de la batterie.
Les pinces Q, Q' communiquent avec les bandes en cuivre

Fig. 21.   Fig. 22.

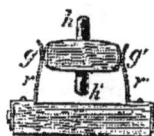 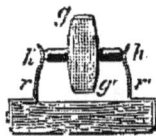

longitudinales de la règle et servent à faire rougir ou à fondre des fils métalliques gros et courts, lorsque les couples secondaires associés en surface sont restés soumis quelque temps à l'action du courant primaire.

Des pinces semblables peuvent être adaptées aux cylindres du commutateur de la batterie déjà décrite (96, *fig.* 17).

Les pinces T, T' (*fig.* 20) aboutissent aux pôles extrêmes

de la batterie et permettent de rougir ou de fondre des fils métalliques longs et fins, quand on tourne le commutateur de manière à réunir tous les couples en tension.

99. Effets produits par les batteries secondaires à lames de plomb. — Nous venons de citer, en décrivant chaque batterie, quelques-uns des effets qu'elles peuvent produire; nous ajouterons que la durée de ces effets dépend de la *formation* plus ou moins complète des couples secondaires qui les composent (53). La tension du courant qu'elles peuvent fournir dépend naturellement du nombre des couples. Comme cette tension est égale, ainsi qu'on l'a vu (80), à une fois et demie environ celle de l'élément de Bunsen, et comme, d'autre part, leur résistance est, à surface égale, sensiblement la même que celle de l'élément Bunsen (97), on obtient, avec une batterie de quarante couples ou avec deux batteries de vingt couples, réunies, les mêmes effets, pendant les premiers instants de la décharge, qu'avec une pile de Bunsen d'environ soixante éléments.

Les expériences qui n'ont qu'une courte durée peuvent être répétées plusieurs fois avec une seule charge. Nous citerons, entre autres, la fusion d'un fil d'acier que l'on peut obtenir, sur une longueur de $1^m,20$ avec des batteries de quarante couples, ou de $0^m,60$ avec vingt couples.

On sait que cette fusion est accompagnée de la formation d'un chapelet de petits globules métalliques fondus, visibles en regardant le fil à travers un verre foncé, ou en examinant les fragments du fil rompu après la fusion.

La figure 23 représente cet effet, reproduit avec la petite batterie secondaire de vingt couples, décrite en dernier lieu, et nous aurons l'occasion d'invoquer cette expérience (IVe Partie) pour rendre compte des apparences que présentent quelquefois certains phénomènes naturels.

Sans parler ici des effets que nous décrivons plus loin,

—84 —

et qu'on obtient avec un grand nombre de batteries réunies, nous citerons encore, parmi les expériences qu'on peut répéter avec les batteries secondaires, la lumière produite par la vaporisation du mercure. En plaçant un godet métallique contenant quelques gouttes de ce métal, en relation avec un des pôles d'une batterie de vingt ou quarante couples, sous une cloche à tubulure, par laquelle

Fig. 23.

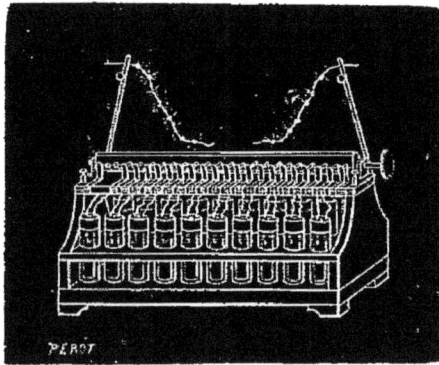

passe une tige terminée par un fil de platine, on obtient, en amenant ce fil au contact du mercure, une belle lumière qui peut se prolonger pendant 3 minutes.

Les réactions électrochimiques qui exigent un courant d'une certaine tension, telles que la décomposition de la potasse et de la soude, peuvent être aussi mises en évidence à l'aide de ces batteries.

100. Batterie secondaire de quantité et de tension de grande surface. — En prenant des couples secondaires de grande surface, tels que celui qui est représenté figure 12 (45), ayant chacun $0^{m2},50$, au lieu de couples de 2 à 8^{dm^2}, et en les disposant comme les batteries précédentes, on obtient à la fois des effets de *quantité* et de *tension* qui peuvent avoir une certaine durée, et l'on réalise ainsi l'accumulation et la transformation simultanées du travail de la pile voltaïque.

Avec six grands éléments bien *formés* et disposés comme dans la batterie de grande surface représentée figure 8 (38), mais avec un commutateur placé au-dessus de manière à pouvoir les réunir en tension, après la charge en quantité, on obtient un arc voltaïque d'une durée de 7 à 8 minutes, et doué d'un plus grand éclat que celui qu'on obtiendrait avec une pile de tension équivalente, formée par des éléments de Bunsen, de dimension ordinaire.

101. **Batterie secondaire à lames de plomb pour effets de tension continus.** — Nous avons disposé également ment ([1]) une batterie secondaire à lames de plomb composée de quarante éléments de très petite surface (quelques centimètres carrés par élément), pour obtenir des effets de tension continus, dont nous indiquerons plus loin une application (123). Dans ce cas, on n'a qu'une simple transformation du travail de la pile primaire, sans accumulation. La tension est produite aux dépens de la quantité d'électricité, et il convient de donner alors aux deux éléments de Bunsen destinés à charger la batterie une assez grande dimension.

Nous nous bornerons à mentionner cet appareil décrit dans le Mémoire cité, nous proposant d'en modifier la disposition pour en rendre les applications plus faciles.

102. **Instructions à l'usage des batteries secondaires.** — Pour obtenir le maximum d'effet que peuvent donner les batteries secondaires décrites précédemment, il est bon de s'assurer que chaque couple se trouve dans de bonnes conditions, c'est-à-dire qu'il est suffisamment *formé*, qu'il n'a point de contact intérieur entre les deux

---

[1] *Annales de Chimie et de Physique*, 4e série, t. XV, 1868, p. 27.

lames de plomb, ou que les languettes terminales qui servent de pôles ne sont point rompues.

On peut essayer isolément, d'une manière rapide, l'effet produit par chaque couple de la batterie préalablement chargée, en tournant d'abord un peu le commutateur, de façon que les ressorts aboutissant aux pôles de tous les couples ne soient en contact avec aucune partie métallique, puis en touchant les pôles de chaque couple avec les deux lamelles en cuivre d'un petit *rhéoscope* (*fig.* 24)

Fig. 24.

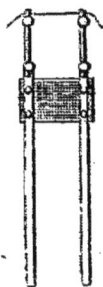

formé d'un fil de platine tendu entre deux pinces isolées.

Si ce fil a un diamètre de 2 à 3/10 de millimètre et 4 ou 5^{cm} de longueur, chaque couple de la batterie doit le rougir vivement pendant 1 minute environ.

Dans le cas où un couple ne le rougirait pas du tout, il y a lieu d'examiner si ce couple n'a pas un contact intérieur ou un de ses pôles rompus.

103. Le cas d'un contact intérieur se présente très rarement si les couples sont bien construits. On le reconnaîtrait d'ailleurs facilement; car un contact dans un seul couple empêcherait toute la batterie de se charger, en offrant au courant primaire une résistance beaucoup moindre que celle des autres couples dans lesquels les lames sont séparées par l'eau acidulée. Si donc d'autres couples

de la batterie se sont chargés, on est assuré que le couple suspecté n'a point de contact intérieur.

On peut le vérifier encore en touchant pendant quelques instants, avec les deux extrémités des fils aboutissant à la pile primaire, les ressorts en communication avec ce couple. S'il y a dégagement de gaz, le couple n'a point évidemment de contact. S'il n'y a pas de dégagement de gaz, le couple pourrait avoir un contact ou être rompu. Dans ce cas, on examine l'étincelle de rupture de la pile primaire, le couple secondaire étant dans le circuit. Si cette étincelle est d'une vivacité égale à celle que produirait la pile seule, c'est qu'il y a un contact intérieur. S'il n'y a pas d'étincelle, ce fait, coïncidant avec l'absence de dégagement de gaz, indique qu'il y a un pôle rompu (¹).

104. La rupture d'un pôle est l'accident qui peut survenir plus fréquemment que tout autre aux couples secondaires à lames de plomb.

La porosité métallique, qui joue un si grand rôle dans l'opération de la *formation* des couples, en permettant à l'action électrochimique de s'exercer jusqu'à une certaine profondeur, a, d'autre part, l'inconvénient de permettre à l'eau acidulée de s'infiltrer à l'intérieur des lamelles terminales des couples et de gagner peu à peu jusqu'au contact avec les fils ou lamelles de cuivre qui relient le couple aux ressorts de la batterie. Le cuivre s'attaque alors surtout en présence d'un autre métal, et les communications sont rompues ou altérées.

Cette ascension de l'eau acidulée est facilitée également

(¹) Cependant, si la pile était faible et si les couples étaient restés très longtemps sans fonctionner, de manière à offrir, dans les premiers moments, une assez grande résistance, il ne faudrait pas se hâter de conclure que le couple a un pôle rompu; il faudrait attendre que le courant ait passé un certain temps et essayer s'il y a courant secondaire produit, à l'aide du rhéoscope à fil de platine.

par la production, pendant la décharge, de phénomènes de transport, de l'ordre de ceux qui ont été observés par MM. Reuss, Porret, Becquerel et G. Wiedemann, s'exerçant du pôle positif au pôle négatif, et l'on remarque ici, en effet, que l'accident dont il s'agit arrive presque toujours aux lamelles positives des couples secondaires.

Ces lamelles positives tendent encore à se rompre au niveau du liquide acidulé, sans doute à cause de la formation d'un couple local entre la portion plongée de la lame de plomb peroxydée et la portion extérieure moins peroxydée.

Enfin, lors de la décharge des couples secondaires dans un circuit très peu résistant, ces lamelles terminales peuvent s'échauffer fortement et acquérir ainsi une grande fragilité. Dans les expériences que nous avons faites avec de nombreuses batteries et dont il sera question plus loin (IIIe Partie), cet échauffement des lamelles de plomb terminales de couples qui se sont moins bien chargés que d'autres et subissent l'action de tous les autres couples peut aller jusqu'à l'incandescence et la fusion des lamelles avec une sorte d'explosion provenant de la vaporisation brusque d'une partie du liquide du couple.

105. On prévient cet accident en employant du plomb assez épais (1^{mm} d'épaisseur), et en vernissant à chaud les lamelles de plomb, notablement au-dessous du point où elles émergent du liquide (45).

Quand cet accident se produit, on y remédie en débouchant et lavant le couple secondaire, et en taillant une autre lamelle aux dépens de la portion de la lame de plomb qui était immergée dans le liquide. On recourbe la lamelle ainsi découpée; on la vernit, on en décape l'extrémité, et on la relie, par une petite presse à vis ou un écrou verni lui-même ou noyé dans une couche de mastic, au fil destiné à relier le couple secondaire aux ressorts de la batterie.

106. Si l'on veut seulement mettre hors du circuit un couple auquel il serait survenu un accident, sans le détacher de l'appareil, il suffit de réunir par un *pont*, formé d'une petite lamelle de cuivre dont les extrémités sont taillées en fourchettes, les vis de deux ressorts immédiatement voisins. De cette manière, le circuit ne présente pas d'interruption, quand on décharge l'appareil en tension.

107. Lorsque, parmi les couples d'une batterie, il y en a qui se chargent moins que d'autres, par suite de petites différences inévitables dans la résistance de ces divers couples, on les reconnaît à ce que, pendant la décharge, au lieu de contribuer au développement du courant secondaire, ils se comportent relativement comme de simples voltamètres, et donnent un abondant dégagement de gaz sous l'influence du courant secondaire produit par les autres couples. Ces couples s'égalisent avec le temps; mais, si on veut les charger à part et les *former* davantage pour les mettre au niveau des autres, il suffit, sans les détacher de l'appareil, d'interposer une bande de papier entre les ressorts des autres couples et les parties métalliques correspondantes du commutateur, de manière à permettre à ces seuls couples de se charger.

Ces couples nuiraient à la manifestation des effets de la batterie s'ils étaient trop nombreux, car ils absorberaient une partie de la force du courant secondaire pendant la décharge; il importe donc que la batterie soit bien *égalisée*, ce qui se produit avec le temps en la faisant fonctionner fréquemment.

108. **Rendement. Analogies.** — Les batteries secondaires que nous venons de décrire, plus spécialement disposées pour produire des effets de tension, offrent un *rendement* inférieur à celui des couples secondaires destinés aux effets de quantité, et moins susceptible d'une mesure

exacte, à cause des différences de résistance des divers
couples qui les composent. Ces appareils n'en sont pas
moins des organes de transformation efficaces qui permettent
d'obtenir, après un certain temps d'action d'un faible
courant, les effets les plus intenses de la pile voltaïque.

On peut les comparer à divers appareils qui servent,
en mécanique, à la transformation et à l'accumulation des
forces, et particulièrement à la machine connue sous le
nom de *mouton*. Dans cette dernière machine, en effet,
une masse pesante, soulevée peu à peu à une grande hauteur, par une série d'efforts successifs, est ensuite aban-
donnée à elle-même et rend, par sa chute, sous forme d'un
grand et unique effort, la majeure partie du travail dépensé
pendant un certain temps. Dans les batteries secondaires
dont il s'agit, la somme des actions chimiques produites
par une faible source d'électricité, distribuée sur un grand
nombre de couples, développe une somme de forces électromotrices qui, réunies lors de la fermeture du circuit secondaire, *rendent*, sous forme d'un courant très intense de
courte durée, la somme des actions accumulées pendant
tout le temps qu'a duré la charge de la batterie. Les effets
de *quantité* correspondent à la chute d'une masse très
pesante, soulevée à une petite hauteur; les effets de *tension*,
à la chute d'une masse moins pesante, soulevée à une
grande hauteur.

Ces rapprochements montrent, une fois de plus, le lien
qui existe entre les diverses manifestations de la force
ou du mouvement en général, et la variété des effets qu'on
peut obtenir, par analogie, de la force électrique (¹).

_____

(¹) *Sur l'emploi des courants secondaires pour accumuler ou transformer les effets de la pile voltaïque* (*Comptes rendus*, t. LXXIV,
1872, p. 592).

DEUXIÈME PARTIE.

APPLICATIONS.

Applications à la galvanocaustie et à la thérapeutique en général; — à l'inflammation des mines; — aux usages domestiques; — aux freins électriques; — à la production de signaux lumineux, etc.

109. Application à la galvanocaustie. — Les effets calorifiques des couples secondaires que nous venons de décrire peuvent être utilisés, dans la *galvanocaustie*, pour les opérations qui n'exigent point une action de longue durée et dont le cas se présente souvent dans la thérapeutique. Nous avons indiqué cette application en 1868 [1] et nous l'avons réalisée en 1872, après avoir reconnu qu'il était possible de prolonger la décharge des couples secondaires par la *formation* et de leur communiquer aussi la propriété de conserver leur charge un certain temps, sans trop grande perte.

La figure 25 représente la disposition que nous avons donnée au couple secondaire pour cette application. Le couple est renfermé dans une boîte, munie à sa partie supérieure de fiches métalliques en communication avec ses deux pôles et auxquelles s'adaptent les conducteurs aboutissant aux appareils cautérisateurs dont la partie essentielle est un fil de platine recourbé en pointe ou façonné en spirale, suivant l'opération qu'il s'agit d'effectuer.

---

[1] *Recherches sur les courants secondaires et leurs applications* (*Annales de Chimie et de Physique*, 4e série, t. XV, p. 21).

Les couples secondaires disposés sous cette forme peuvent être facilement transportés une fois chargés et fournir, sans aucune manipulation auprès du malade, la chaleur nécessaire à l'opération.

Si les opérations sont de courte durée, la provision d'élec-

Fig. 25.

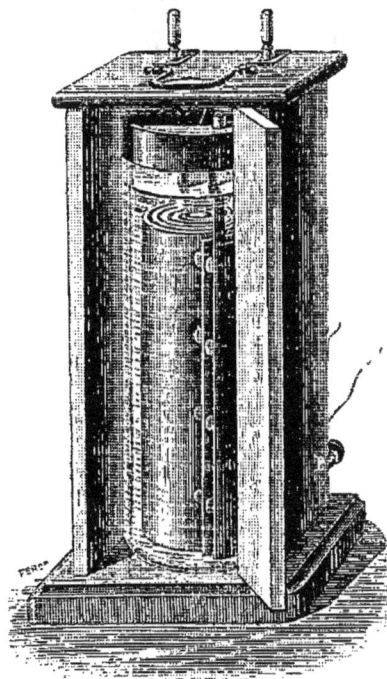

tricité emmagasinée dans le couple secondaire suffit même pour en exécuter plusieurs successivement sans avoir à le recharger.

Des cautérisations de la glande lacrymale ont pu être effectuées, en 1873, par M. le Dr Ominus, sur sept ou huit sujets successivement, sans qu'il fût nécessaire de recharger l'appareil.

Quand un de ces couples, dont les dimensions sont celles des couples décrits précédemment (45), a été bien *formé*, il peut rougir pendant 8 à 10 minutes un fil de platine de 1^{mm} de diamètre sur 7 ou 8^{cm} de longueur, et pendant plus de 20 minutes un fil de même longueur et de 0^{mm},5 de diamètre.

110. Pour de petites opérations telles que celles de la chirurgie dentaire, on peut employer un couple secondaire de plus faible dimension, encore plus portatif, tel que celui qui est représenté figure 26. Ces couples ont la dimension

Fig. 26.

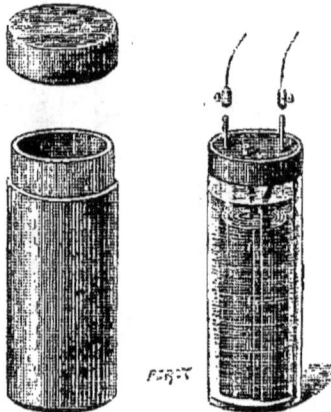

de ceux qui composent la batterie représentée figure 17 (96 et 97). Ils peuvent être complètement bouchés à l'aide d'un petit bouchon en caoutchouc s'adaptant au tube de verre qui traverse le bouchon principal du couple, renfermés dans un étui et transportés facilement dans la poche.

Ces couples bien *formés* peuvent rougir un fil de platine de 0^{mm},5 pendant 2 à 3 minutes et un fil de $2/10^{es}$ pendant 5 ou 6 minutes.

M. le Dr Moret a employé ces petits couples, avec succès, pour le traitement des névralgies par voie de cautérisation dite *transcurrente*, et pour arrêter instantanément des hémorragies artérielles ([1]).

111. Ce dernier modèle de couple secondaire (*fig.* 26), n'ayant qu'une surface relativement faible, peut être assez bien entretenu en charge à l'aide de trois éléments de Daniell. Pour les couples de plus grande dimension (*fig.* 25), cette source serait un peu trop faible ; nous conseillons d'employer deux éléments de Bunsen, montés avec de l'eau pure autour du zinc, au lieu d'eau acidulée, et de l'acide nitrique autour du charbon dans les vases poreux. Des éléments ainsi montés sont sans doute plus faibles que les éléments montés à la manière ordinaire ; le zinc n'est attaqué que lentement et faiblement par l'acide qui suinte des vases poreux ; mais on évite l'opération de l'amalgamation, et ces éléments peuvent se maintenir, pendant une semaine environ, en état de charger les couples secondaires, sans qu'il soit nécessaire de les démonter et remonter tous les jours. Il faut seulement plus de temps (4 ou 5 heures environ) pour charger ces couples qu'avec des éléments de Bunsen à zinc amalgamé et à eau acidulée.

Il est essentiel de charger les couples secondaires toujours dans le même sens, ainsi que nous l'avons déjà dit, c'est-à-dire de faire communiquer le pôle positif de la pile primaire avec la lame de plomb peroxydée et le pôle négatif avec la lame de plomb maintenue à l'état métallique ou couverte de plomb réduit pulvérulent.

Il importe aussi de tenir les couples secondaires débouchés pendant qu'on les charge, et de ne les boucher que

---

([1]) *Revue de Thérapeutique*, 44e année, avril 1877, p. 172.

Parmi les médecins qui se sont intéressés les premiers à cette application et qui se sont servis de ces couples secondaires pour leurs opérations, nous sommes heureux de citer encore les noms de MM. les Drs de Bonnéfoux, Lailler, Lubinoff, Morétin, Constantin Paul, de Tavel, etc.

pour le transport; car les gaz qui se dégagent pendant l'électrolyse exerceraient peu à peu une certaine pression sur le liquide, si le couple était bouché, et tendraient à le faire monter le long des lamelles de plomb terminales ou sortir par les moindres fissures du bouchon et altérer ainsi les points de jonction avec les fiches en cuivre auxquelles s'adaptent les conducteurs des cautères.

L'omission de cette précaution est une cause fréquente d'altération des communications des couples secondaires.

112. Application à l'éclairage des cavités obscures du corps humain et des cavités obscures en général. — Si on fait passer la décharge d'un couple secondaire à

Fig. 27.

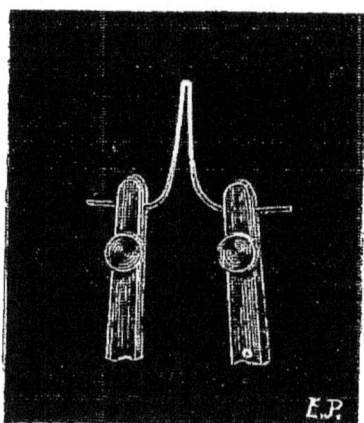

travers un fil fin de platine recourbé sur lui-même en pointe, comme le montre la figure 27, le fil, étant moins refroidi sous cette forme par l'air environnant, arrive à un degré voisin du point de fusion du métal, et il émet par son incandescence une lumière très vive qui peut être utilisée.

Dans diverses conférences sur les effets de nos couples secondaires, faites en 1872 et pendant les années suivantes, nous avons eu l'occasion de nous éclairer dans l'obscurité pendant 3o minutes à 1 heure avec deux couples secondaires ainsi disposés, et dont chacun d'eux émettait, avec un fil de platine de 2/10es de millimètre de diamètre, une lumière à peu près équivalente à celle d'une bougie et d'une intensité très constante (71).

M. Trouvé a appliqué récemment ces couples secondaires à la laryngoscopie, à l'éclairage des cavités obscures du corps humain et des cavités obscures en général (¹). Il a disposé des fils de platine de diverses formes au foyer de petits réflecteurs sphériques-concaves ou paraboliques combinés d'une manière ingénieuse, suivant la nature de la cavité à éclairer.

Afin de prévenir la fusion des fils de platine par une trop vive incandescence sous l'action du courant de décharge du couple secondaire, M. Trouvé a ajouté à l'appareil que nous avons décrit plus haut, figure 25 (109), un rhéostat à fil de platine destiné à graduer l'intensité du courant, suivant le diamètre et la longueur du fil de platine employé comme appareil éclairant ou comme cautère dans la galvanocaustie.

Il a ajouté également un galvanomètre à deux circuits, pour suivre la charge du couple secondaire, et reconnaître l'état dans lequel se trouve la pile destinée à le charger.

La régularité de l'écoulement du courant est telle, dans ces conditions, que les fils de platine des réflecteurs sont maintenus dans un état de vive incandescence, sans aller jusqu'à fusion, malgré leur extrême ténuité.

L'appareil ainsi disposé a pu rendre de nombreux services dans la pratique chirurgicale.

113. Application à l'inflammation des mines, etc. — Parmi les applications qu'on peut faire des couples et des

---

(¹) *Bulletin des séances de la Société française de Physique*, 4 janvier 1878, p. 2; *La Nature*, 6e année, 13 juillet 1878, p. 107.

batteries secondaires, l'une de celles auxquelles ces appareils se prêtent le plus naturellement est l'inflammation des mines ; car elle n'exige qu'un effet calorifique de courte durée, répété à certains intervalles.

Nous avons décrit, en 1868 ([1]), une batterie secondaire de petite surface qu'on pouvait employer pour cette application, quand le circuit présente une certaine résistance. La batterie représentée figure 20 (98) peut convenir mieux encore dans ce but. Il importe seulement, quand on fait usage de ces batteries, de les entretenir en charge et de ne pas les laisser trop longtemps sans fonctionner, car elles sont ensuite plus difficiles à charger.

Une amorce formée par un fil de platine de $1/20^e$ de millimètre plongé dans de la poudre ou du fulmicoton peut être enflammée par le courant de décharge d'une batterie de vingt couples, avec une résistance dans le circuit équivalente à 6^{km} environ de fil télégraphique.

Si le circuit a une plus faible résistance, soit 300^m de ce même conducteur, un seul couple secondaire peut suffire pour enflammer successivement, avec une seule décharge, un certain nombre d'amorces. Il n'est pas nécessaire de donner à ces couples une grande surface. Des couples tels que ceux représentés figure 26 (110) ou même plus petits encore, tels que ceux de la figure 31 (115), peuvent être employés et constituent des appareils très portatifs.

114. La figure 28 représente une batterie portative renfermant deux petits couples secondaires qu'on associe facilement en surface pendant la charge et en tension pour la décharge, à l'aide d'une combinaison de trois boutons C, D, C qui sert de commutateur simplifié pour ce cas particulier.

Les communications des couples secondaires sont dis-

([1]) *Annales de Chimie et de Physique*, 4ᵉ série, t. XV, p. 26.

posées, en effet, de telle sorte que les pôles de la pile primaire étant mis en relation avec les deux bornes de la boîte, si l'on serre les deux boutons C, C, les deux couples se chargent à la fois comme un seul couple de surface double, et si l'on serre le bouton D après avoir desserré les boutons C, C et enlevé les communications avec la pile primaire, les deux couples secondaires se trouvent associés en tension pour

Fig. 28.

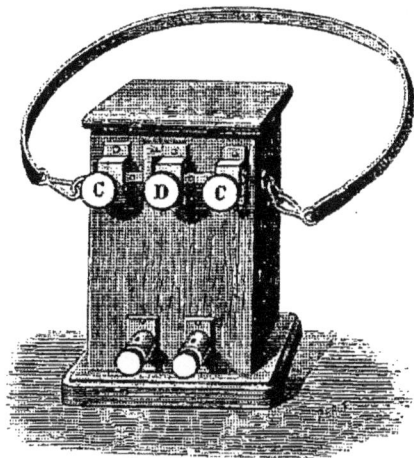

la décharge. Ces boutons sont disposés d'ailleurs comme celui qui a été représenté dans la figure 12 (45).

Si l'on veut charger chaque couple à part, indépendamment l'un de l'autre, on ne serre qu'un seul bouton sur les trois, soit le bouton de gauche pour charger le couple qui est à droite, soit le bouton de droite pour charger le couple qui est derrière le bouton de gauche.

Les trois boutons ne doivent jamais être serrés tous à la fois; car, dans ce cas, l'appareil se déchargerait.

Ces petites batteries de deux couples peuvent être utilisées dans le cas où, le circuit étant un peu trop résistant, l'inflammation ne serait pas assez instantanée avec un seul couple secondaire.

Dans le cas où l'on veut obtenir l'inflammation simultanée d'un grand nombre d'amorces, il suffit de multiplier le nombre des couples ou des batteries secondaires sans augmenter, pour cela, la force de la pile primaire servant à les charger et qui est toujours composée, soit de deux éléments de Bunsen montés à la manière ordinaire, soit, comme nous l'avons indiqué précédemment, de trois éléments de Daniell.

Les appareils d'induction servent déjà, il est vrai, dans le même but, mais ils exigent un circuit d'un isolement plus parfait et des amorces à circuit interrompu qui ne permettent pas l'exploration de l'ensemble du circuit au galvanomètre.

115. **Application aux usages domestiques; briquet de Saturne.** — Les figures 29, 30 et 31 représentent une

Fig. 29.

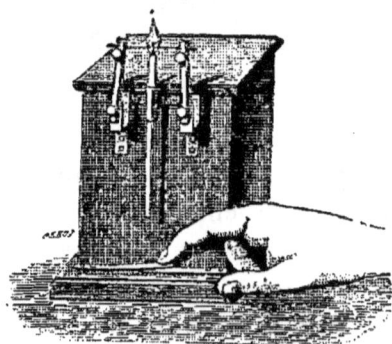

disposition particulière que nous avons donnée aux couples secondaires précédemment décrits, et qui permet d'obtenir facilement du feu dans les laboratoires et pour les usages domestiques ([1]).

[1] *Comptes rendus*, t. LXXVII, 1873, p. 466; *Les Mondes*, t. XXXI, 1873, p. 747.

Cet appareil, que nous avons désigné, pour suivre les traditions des anciens chimistes, sous le nom de *briquet de Saturne*, se compose d'un petit couple secondaire à lames de plomb bien *jormé*, contenu dans une boîte dont la base et les parois portent un système de communications disposées de manière à rougir un fil de platine et à enflammer, par la simple pression du doigt sur une touche métallique T,

Fig. 3o.   Fig. 3r.

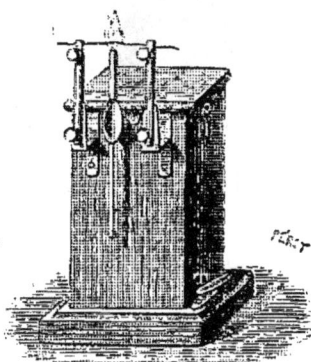
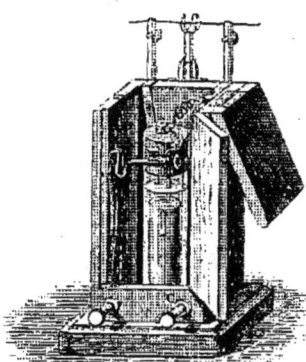

un corps combustible, tel qu'une bougie, une lampe à essence minérale, à alcool, à huile, à gaz, etc.

L'appareil se charge et se maintient constamment en charge, en l'appuyant contre deux lamelles métalliques fixées contre les parois d'une boîte contenant une pile de trois couples de Daniell ou de Callaud (*fig.* 32) (¹). Cette

---

(¹) Les couples de Leclanché, dont l'emploi est si commode dans une foule de cas, ne peuvent être employés ici avec avantage. Ils s'useraient trop rapidement, le circuit restant presque toujours fermé pour maintenir le briquet en charge. De plus, leur force électromotrice diminuant beaucoup par la fermeture prolongée du circuit, les couples secondaires se chargent moins fortement avec trois de ces éléments qu'avec trois éléments de Daniell ou de Callaud.

Nous donnons la préférence aux éléments Callaud; car le sulfate de cuivre dissous, se maintenant en couche dense au fond des vases,

pile peut être placée aussi à une assez grande distance, et ses pôles sont mis alors en relation avec une petite plan-

Fig. 32.

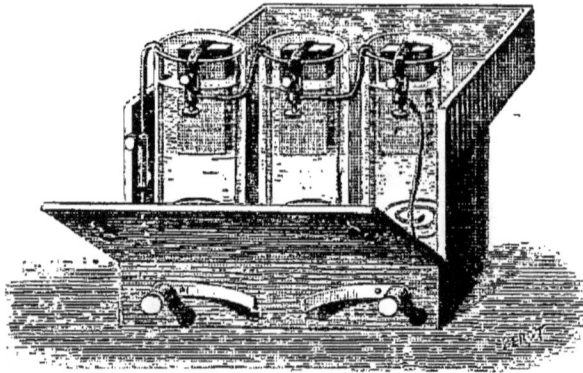

chette à ressorts, servant de communicateur (*fig.* 33),

Fig. 33.

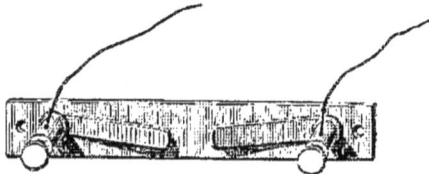

contre laquelle on fait appuyer les bornes métalliques du briquet pour le charger.

Cette disposition offre l'avantage de pouvoir charger

---

est réduit moins rapidement par le zinc que dans les éléments de Daniell, à vase poreux, dans lesquels le sulfate de cuivre, filtrant de ce vase, se trouve plus directement exposé à l'action réductrice du zinc sans profit pour le courant.

On peut passer trois semaines sans rajouter de sulfate de cuivre dans la pile de Callaud, destinée à l'entretien du briquet, alors qu'il faut en rajouter environ tous les huit jours dans une pile de Daniell.

La pile Callaud exige seulement plus de temps pour se mettre en fonction et acquérir toute sa force, la première fois qu'on la monte.

l'appareil et de le retirer tout chargé, sans attacher ni
détacher aucun fil de communication. Elle permet aussi
d'éviter toute erreur dans le sens à donner au courant
primaire. Le pôle positif du couple secondaire correspondant
à la borne C (*fig.* 3ı) vient s'appuyer toujours, quand on
retourne l'appareil, contre le même ressort qui communique avec le pôle positif de la pile (*fig.* 32) par la borne
également désignée par la lettre C.

Quand le couple a été chargé par l'action prolongée de
cette pile à courant faible, il suffit, pour le mettre en fonction, de presser, avec le doigt, la touche métallique destinée
à fermer le circuit secondaire. Le fil de platine est porté
alors à une température assez élevée pour enflammer immédiatement le corps combustible (¹) (*fig.* 29).

Avec la provision d'électricité que renferme le petit
couple secondaire chargé au maximum par le passage
longtemps prolongé du courant de la pile, on peut produire jusqu'à une centaine d'incandescences ou d'inflammations consécutives. Il en résulte qu'il n'est pas nécessaire
de maintenir le couple secondaire constamment en charge
sous l'action de la pile, et le communicateur a pour objet
de ménager le courant de cette pile, lorsqu'on juge que le
couple secondaire, n'ayant point été épuisé par un certain
nombre de décharges successives, peut produire encore
une série d'inflammations sans être rechargé.

L'inflammation d'une bougie sous l'influence du platine
rougi au blanc se produit sans bruit ni crépitation, plus
instantanément que par tout autre moyen. L'incandescence du fil de platine ne modifiant, en aucune manière,

---

(¹) Il est essentiel que la mèche de la petite bougie ou du rat de cave
soit traversée par le fil de platine; car si cette mèche se trouvait trop
au-dessous, elle ne pourrait s'enflammer aussi facilement, et, dans
le cas où l'inflammation aurait lieu, le fil de platine, étant à la fois
plongé dans la partie la plus chaude de la flamme et rougi au blanc
par le passage du courant, pourrait fondre.

la composition de l'air, il n'y a point de développement de fumée, d'odeur, de gaz délétère ou suffocant, comme cela a lieu avec le soufre ou les chlorates. On n'a point à redouter les dangers d'incendie ou d'empoisonnement que présente le phosphore. On peut enfin considérer ce moyen d'inflammation comme très économique : car, d'une part, le couple secondaire n'exige par lui-même aucune dépense ou entretien, le plomb et le liquide étant mis une fois pour toutes, sans devoir jamais être renouvelés ; et, d'autre part, il suffit, pour entretenir le faible courant de la pile destinée à charger le couple secondaire, d'ajouter, de temps en temps, quelques cristaux de sulfate de cuivre, dont la consommation est très minime vis-à-vis du grand nombre d'inflammations qu'on peut obtenir.

Le briquet peut être déplacé une fois chargé, et par suite de la propriété des couples secondaires de conserver leur charge, il permet d'obtenir encore un assez grand nombre d'inflammations, sans être remis en communication avec la source servant à le charger.

116. La figure 34 représente une autre disposition assez

Fig. 34.

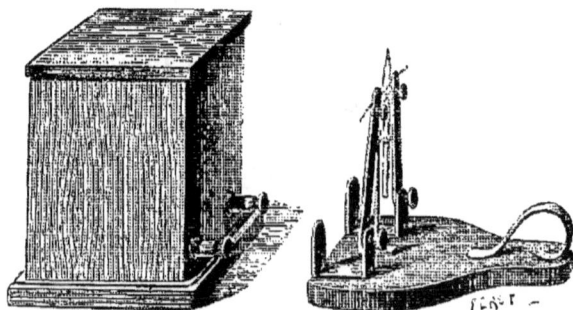

curieuse que l'on peut donner au même appareil et qui en fait une sorte de *bougeoir électrique*. Les pinces destinées à serrer le fil de platine et la petite bougie sont fixées sur une planchette séparée et en communication avec des lamelles métalliques verticales.

Il suffit de faire appuyer ces lamelles contre les bornes correspondant aux pôles du couple secondaire simplement renfermé dans une boîte, pour produire l'incandescence du fil de platine et l'inflammation de la bougie qui se trouve ainsi indépendante du briquet, et peut être transportée facilement comme celle d'un bougeoir ordinaire.

117. Le briquet de Saturne peut être aussi associé aux sonneries électriques, de manière à fonctionner avec une seule et même pile, sans entraver nullement l'action des

Fig. 35.

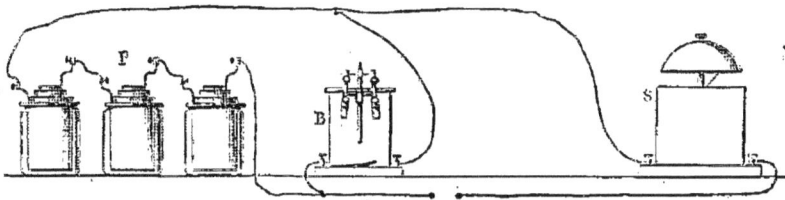

sonneries, en le plaçant en communication directe avec les deux pôles de la pile, et formant ainsi un circuit dérivé dans le circuit principal (fig. 35).

Il semblerait que, pendant la charge du couple secondaire sous l'action d'une pile, dans le circuit de laquelle se trouvent une ou plusieurs sonneries, cet appareil doit absorber tout le courant et empêcher celles-ci de fonctionner; mais, comme le couple secondaire à lames de plomb acquiert, sous l'influence du courant, une grande intensité temporaire, il en résulte qu'il n'agit pas comme un circuit dérivé inerte, et qu'il contribue lui-même à mettre en action les sonneries. Bien plus, si la pile elle-même se trouve trop affaiblie pour faire marcher les sonneries, le couple secondaire devient capable, par la force qu'il a emmagasinée, de les mettre en fonction. Il agit, dans ce cas, comme un récepteur de travail, une sorte de *volant* électrique ([1]).

D'ailleurs les sonneries ne fonctionnent que d'une manière intermittente qui laisse, de temps en temps, des intervalles suffisants pour que le couple secondaire puisse se charger; la charge du couple ne s'épuiserait pas rapidement, alors même que les sonneries fonctionneraient d'une manière continue; car, par suite de la provision d'électricité accumulée, un couple secondaire bien chargé peut faire fonctionner seul, d'une manière continue, une ou plusieurs sonneries électriques pendant plus d'une haure.

Les deux genres d'appareils peuvent enfin fonctionner simultanément et au même instant sans se nuire réciproquement. Ainsi on peut à la fois enflammer la bougie et faire fonctionner la sonnerie. Cela vient de ce que le couple secondaire étant interposé en circuit dérivé, et le fil de platine ayant une certaine résistance, une portion du courant peut traverser le circuit des sonneries.

118. Le même appareil peut être appliqué à l'allumage du gaz avec d'autant plus de facilité que l'inflammation du gaz n'exige pas l'incandescence d'un fil de platine aussi gros que l'inflammation d'une bougie de cire ou d'acide stéarique. Par suite, on peut l'effectuer à une certaine distance, et s'il s'agit d'allumer simultanément un grand nombre de becs, on peut recourir aux batteries composées d'un grand nombre de couples secondaires, de même que pour l'inflammation des mines.

119. **Application aux freins électriques pour chemins de fer.** — Nous avons conseillé l'emploi des couples secondaires décrits ci-dessus toutes les fois qu'on aurait besoin d'un courant temporaire de grande intensité pour produire de

---

([1]) *Comptes rendus*, t. LXXVII, 1873, p. 466.

puissants effets calorifiques ou magnétiques, à l'aide d'une faible source d'électricité (¹).

M. Achard les a employés, dans ces derniers temps, avec succès, pour mettre en action ses freins électriques, qui exigent, à un moment donné, le passage d'un courant énergique dans une série d'électro-aimants à fils de gros diamètre.

Les couples secondaires sont entretenus en charge par une pile primaire de trois éléments de Daniell dont ils emmagasinent la force (89), comme dans les applications précédentes (109 à 117). La force électrique accumulée est dépensée ensuite, en un instant très court, sous forme d'effet magnétique. La pile primaire reste en communication constante avec les couples secondaires. Ainsi que nous l'avons expliqué plus haut (46), elle joint sa faible action à celle des couples secondaires pendant la décharge et agit de nouveau sur les couples secondaires pour les recharger, aussitôt que le circuit de décharge est interrompu.

120. **Application à l'analyse eudiométrique de l'air des mines.** — Dans tous les cas où l'on a besoin d'un effet calorifique de courte durée, ces couples peuvent être employés avantageusement. C'est ainsi que M. Coquillion en a tiré parti pour faire rougir un fil de palladium, et déterminer la combinaison de l'air et de l'hydrogène proto-carboné dans son grisoumètre (²).

121. **Application à la production de signaux lumineux.** — Les batteries secondaires que nous avons décrites (96) pouvant produire, après quelques minutes de charge, avec deux éléments de Bunsen, un arc voltaïque d'une durée de quel-

(¹) *Recherches sur les courants secondaires et leurs applications* (*Annales de Chimie et de Physique*, 4ᵉ série, t. XV, 1868, p. 20).

(²) *Comptes rendus*, t. LXXXV, 1877, p. 1106.

ques secondes et d'une très grande intensité en employant un nombre suffisant de couples secondaires, nous avons signalé l'application qu'on pourrait en faire, dans certaines circonstances, pour produire des signaux lumineux ([1]).

Bien que cette application n'ait pas encore été mise en pratique, nous sommes persuadé qu'elle pourrait rendre de grands services en mer ou sur les côtes; car les inconvénients et les frais qui résultent de l'emploi des piles se trouvent considérablement réduits, quand il ne s'agit que de monter deux éléments de Bunsen pour obtenir, à un moment donné, une lumière électrique équivalente à celle que donneraient 80 ou 100 de ces éléments.

M. A. Niaudet ([2]) s'est particulièrement intéressé à cette application et a recommandé l'emploi de la machine Gramme ([3]) pour charger, à l'aide de la force mécanique qu'on possède à bord des navires, les batteries secondaires destinées à la production de signaux lumineux, qui pourraient prévenir les collisions en mer ([4]).

M. J. Morin ([5]) a fait des essais dans le même but, à l'aide d'une batterie secondaire de cinquante couples de grande dimension, mise en action par une petite machine magnéto-électrique, n'ayant que huit bobines. La batterie pouvait fondre, lors de sa décharge, un fil de fer de $2^m,20$ de longueur et de 1^{mm} de diamètre. M. Morin s'est occupé de la construction d'une lampe électrique spéciale pour la production de l'arc voltaïque dans ces conditions.

([1]) Brevet du 29 février 1868.

([2]) Voir *La Nature*, 27 juin 1874.

([3]) La machine Gramme est employée, du reste, depuis plusieurs années, dans les ateliers de M. Breguet, pour *former* et mettre en fonction les batteries secondaires.

([4]) On sait que M. le commandant Trève a étudié d'une manière toute particulière, et par d'autres moyens, la solution de cette importante question.

([5]) *Comptes rendus*, t. LXXXI, 1875, p. 435.

122. Application à la production de la lumière électrique dans quelques cas particuliers. — Dans certaines circonstances où l'on a besoin d'une lumière assez vive, prolongée seulement pendant quelques minutes, soit pour des expériences de projection, soit pour toute autre étude, la batterie de six grands couples, décrite plus haut (100), peut répondre au but que l'on se propose. La lampe électrique de M. Reynier permet d'obtenir, même avec cette faible tension, de bons résultats. Comme cette lampe présente une assez grande résistance, si l'on emploie des charbons de faible diamètre, la dépense de l'électricité emmagasinée, pendant 2 heures, dans la batterie secondaire, est assez lente, et, par suite, la production de la lumière peut durer jusqu'à 15 minutes.

En faisant usage d'un plus grand nombre de ces couples de grande dimension réunis en deux ou trois batteries, on obtiendrait une lumière très vive et d'assez longue durée pour rendre des services en certains cas.

123. Application à la division de la lumière électrique. — La batterie secondaire à lames de plomb, de quarante petits éléments, destinée à la production d'effets continus, dont nous avons parlé précédemment (101), pourrait fournir, en donnant une vitesse suffisante au commutateur, un arc voltaïque continu, d'une intensité éclairante proportionnellement réduite, il est vrai, mais obtenu, en somme, à l'aide de deux éléments ordinaires de Bunsen. Deux éléments de grande dimension fourniraient plusieurs arcs semblables, en agissant sur un certain nombre de petites batteries identiques, et l'on obtiendrait ainsi, par l'intermédiaire des courants secondaires, une solution du problème de la division de la lumière électrique.

Cette solution que nous avons indiquée, il y a déjà une dizaine d'années (1), est assez compliquée en apparence.

---

(1) Brevet du 27 avril 1868.

Cependant, elle n'est pas irréalisable; car les commutateurs construits comme ceux que nous décrirons plus loin (Ve Partie) n'exigent pas une grande force motrice pour être entretenus en mouvement; ils pourraient être disposés de manière à tourner simultanément comme les bobines des bancs à broches des filatures; et d'autre part, les batteries secondaires employées pour cette transformation, n'ayant qu'une surface très réduite, pourraient tenir dans un faible espace.

M. W. Lermantoff ([1]) s'est livré à des expériences en vue de cette application.

124. Application des effets physiologiques produits par les batteries secondaires. — La force électromotrice de chaque élément secondaire à lames de plomb étant, comme on l'a vu (80), assez énergique, des batteries secondaires de vingt ou de quarante éléments suffisent pour donner des effets physiologiques très marqués. Ces effets pourraient être utilisés dans la thérapeutique, en employant des éléments secondaires de très petite surface pour éviter la production d'effets thermiques; la batterie secondaire à effets continus, dont il a été question (101), conviendrait pour cette application, et l'on pourrait même faire usage des batteries à effets temporaires dont la décharge durerait encore assez de temps pour produire une action efficace, par suite de la grande résistance à la conductibilité du corps humain.

125. Applications diverses. — En général, les couples et batteries secondaires dont nous avons donné ci-dessus la description peuvent être appliqués toutes les fois qu'il s'agit de produire, à un moment donné, un puissant effet électrique temporaire de *quantité* ou de *tension*.

Tel est le cas, par exemple, où il s'agirait de distribuer,

---

dans un grand nombre de fils, un courant destiné à transmettre l'heure simultanément à plusieurs points différents.

Ces appareils peuvent être d'une grande utilité pour les recherches scientifiques, comme on le verra ci-après (IIIe Partie).

M. Thore, de Pau, a employé, en 1875, la lumière fournie par une petite batterie de vingt éléments pour des expériences spectroscopiques.

M. Guérin, en 1875, a utilisé ces couples secondaires pour l'industrie de la dorure et de l'argenture électrochimiques, dans certains cas où l'on a besoin d'un courant énergique de quantité pendant peu de temps.

126. Nous avons conseillé d'autres applications basées sur les résultats de nos recherches sur les voltamètres :

1° En 1860, la substitution d'électrodes en plomb aux électrodes de platine employées par Jacobi, pour produire des contre-courants de polarisation destinés à remédier aux retards dans la perception des signaux sur certaines lignes télégraphiques imparfaitement isolées ;

2° En 1865, l'emploi d'anodes en plomb, au lieu d'anodes en platine pour la galvanoplastie en ronde-bosse.

127. Un fait sur lequel nous avions appelé l'attention, dans notre étude particulière sur les voltamètres à fils de cuivre (¹), à savoir la formation d'une pointe très effilée à l'extrémité de l'électrode positive, a été l'objet d'un commencement d'application par l'ingénieur Cauderay de Lausanne, pour l'appointissage des épingles par voie électrochimique. Un appareil basé sur ce principe était présenté à l'Exposition universelle de 1867, et s'il n'a pas été donné suite à cette application, après la mort de cet ingénieur, elle n'en mérite pas moins d'être signalée et

---

(¹) *Bibl. univ. de Genève*, t. VII, 20 avril 1860, p. 332.

reprise un jour, à cause de l'insalubrité qui résulte de l'appointissage mécanique des matières métalliques.

128. Le phénomène que nous avons signalé en 1859 [1] et mentionné plus haut (23) de l'arrêt presque complet du courant qui traverse un voltamètre à électrodes d'aluminium, par suite de l'insolubilité de l'alumine formée autour du pôle positif, a fourni récemment à M. Ducretet l'objet d'ingénieuses applications à la télégraphie [2].

---

[1] Voir *Comptes rendus*, t. LIX, 1859, p. 610.
[2] Voir *Bulletin des séances de la Société française de Physique*, janvier-avril 1875, p. 17 et 40.

TROISIÈME PARTIE.

EFFETS PRODUITS PAR DES COURANTS ÉLECTRIQUES DE HAUTE TENSION.

———

CHAPITRE PREMIER.

———

Gaine lumineuse. — Globules liquides lumineux. — Flammes globulaires. — Aigrette voltaïque. — Figures lumineuses. — Étincelle ambulante. — Gerbe de globules aqueux. — Jets de vapeur. — Veine liquide électrisée; mouvements gyratoires. — Mascaret électrique. — Pompe voltaïque. — Lumière électrosilicique. — Couronnes, arcs, rayons et mouvements ondulatoires. — Spirales électrodynamiques. — Perforations cratériformes.

129. Les batteries secondaires que nous avons décrites précédemment (96-98) nous ont permis d'étudier les phénomènes produits par des courants électriques de haute tension, et particulièrement ceux qui se manifestent au passage de ces courants dans les liquides (¹).

Quelques phénomènes de cet ordre ont été déjà étudiés avec des piles ordinaires par Davy, Hare, Makrell, Grove, Gassiot, de la Rive, Wartmann, Despretz, Fizeau et Foucault, Quet, Maas, Van der Willigen, etc.; mais la nécessité

———

(¹) *Recherches sur les phénomènes produits dans les liquides par des courants électriques et haute tension (Comptes rendus*, t. LXXX, 5 mai 1875, p. 1133).

de monter une pile puissante pour les observer a été un obstacle à ce que leur analyse pût être très approfondie.

Les courants fournis par les batteries secondaires décrites ci-dessus sont, il est vrai, temporaires; ils ont, néanmoins, une durée suffisante pour pouvoir suivre dans tous leurs détails les effets produits par le passage de l'électricité dans des corps imparfaitement conducteurs, tels que les liquides des voltamètres; de plus, les expériences peuvent être renouvelées en rechargeant les appareils, et l'intensité du courant décroissant lentement à mesure que la décharge s'opère, loin d'être un inconvénient, met successivement sous les yeux de l'observateur une série de phases diverses qui échapperaient avec un courant constant ou exigeraient des changements continuels dans la disposition des éléments.

L'étude de ces phénomènes présente, d'ailleurs, un intérêt d'autant plus grand qu'ils se passent « *à ce point de rencontre des deux pouvoirs qui exercent l'empire le plus direct sur les éléments, la force électrique et la force chimique* », et où « *il semble que se trouvent réunies toutes les solutions pour tous les problèmes de l'industrie humaine* ([1]). »

En suivant, en effet, le passage de courants d'une tension variable dans les liquides, on assiste, pour ainsi dire, à la lutte entre le flux électrique et l'attraction moléculaire jointe à l'affinité chimique, tendant à retenir unies les molécules métalliques des électrodes ou les éléments du corps liquide contenu dans le voltamètre. Si le flux électrique a une grande tension, les effets mécaniques et calorifiques dominent : l'attraction moléculaire est vaincue la première, les électrodes sont désagrégées, fondues ou volatilisées. Si la tension est un peu moindre, les électrodes sont le siège de phénomènes lumineux produits par le vide et les vapeurs raréfiées alentour; le liquide, ne mouillant

([1]) Dumas, *Bulletin de la Société d'Encouragement*, t. XIII, 1866, p. 153.

presque pas les électrodes, est à peine décomposé. Si la tension décroît encore, les principaux phénomènes calorifiques et lumineux disparaissent, et la décomposition chimique se manifeste; et comme, d'autre part, le courant traverse alors d'une manière plus complète le liquide, l'intensité apparaît plus grande dans le circuit. C'est ce que l'on peut démontrer d'une manière frappante par l'expérience qui suit.

130. **Expérience sur la gaine lumineuse avec un courant d'intensité décroissante.** — On fait passer le courant de décharge de deux batteries secondaires, composées chacune de vingt couples à lames de plomb, dans un voltamètre V à eau acidulée par l'acide sulfurique et à fils de platine (*fig.* 36).

Fig. 36.

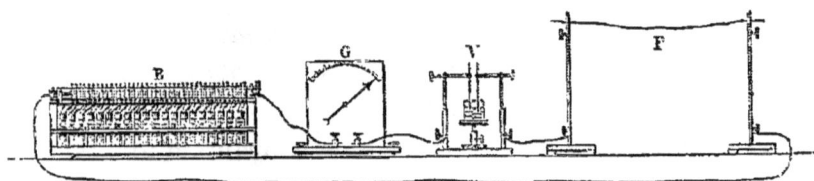

Le fil positif est seul plongé d'avance. On a mis également dans le circuit un galvanomètre G et un fil de platine F, tendu à l'air libre, de 0^m,80 environ de longueur et de 1/10e de millimètre de diamètre. Dès qu'on plonge le fil de platine négatif, il se produit autour de ce fil, et sans dégagement de gaz sensible, une *gaine lumineuse* telle que celle qui a été observée, avec des piles ordinaires, par les physiciens cités plus haut. Le fil positif ne dégage, de son côté, qu'une très petite quantité de gaz. Le galvanomètre n'accuse qu'une faible déviation, et le fil de platine tendu à l'air ne rougit point. Mais, si l'on abandonne l'expérience à elle-même, au bout de 2 à 3 minutes, la force de la batterie secondaire s'épuisant, la gaine lumineuse disparaît, un dégagement de gaz abondant se manifeste tout à coup aux deux pôles, le galvanomètre accuse une forte déviation, et le fil de platine rougit au même instant dans toute sa longueur.

131. Les phénomènes variés qui se produisent avec divers métaux ou divers liquides, suivant que tel ou tel pôle est plongé le premier ou le second, et qui ont été observés avec beaucoup d'exactitude par M. Van der Willigen (¹), à l'aide d'une pile de Bunsen de quarante éléments, se reproduisent facilement avec une batterie secondaire de quarante couples, et nous croyons pouvoir résumer la règle qui préside à ces phénomènes en disant que, dans les conditions dont il s'agit, *l'électrode qui est plongée la première, ou qui offre la plus grande surface immergée, donne son signe au liquide du voltamètre.*

132. **Changement de couleur de la gaine lumineuse suivant la tension du courant.** — A mesure que la batterie se décharge et que la tension du courant décroît, nous avons observé que la couleur de la gaine lumineuse formée autour de l'électrode négative change peu à peu; elle passe successivement du blanc au bleu et au violet, et vers les derniers moments, quelques secondes avant que le dégagement de gaz n'apparaisse, elle se réduit à quelques points brillants d'un rouge pourpre qui environnent l'extrémité de l'électrode.

Nous avions cru d'abord à une relation possible entre la tension de l'électricité en jeu et la réfrangibilité de la lumière produite; mais des expériences ultérieures avec de plus fortes tensions nous ayant mieux éclairé sur la nature des phénomènes qui se passent autour des électrodes, nous avons pu nous rendre compte de ces changements de couleur de la manière suivante :

(¹) *Annales de Poggendorff*, t. XCIII, p. 285.

La *gaine lumineuse* n'est autre chose qu'une enveloppe de gaz raréfiés et incandescents formés autour de l'électrode et de vapeur également raréfiée et incandescente fournie par le liquide même du voltamètre. Quelle est la nature de ces gaz ? Par suite de la température très élevée produite autour de l'électrode avec un courant de grande tension, l'eau est partiellement décomposée autour d'un même pôle, ainsi que l'a constaté M. Grove, et comme nous avons eu l'occasion de le vérifier dans le cours de nos recherches. Il y a donc, autour de l'électrode, de l'hydrogène, de l'oxygène et de la vapeur d'acide sulfurique ou de soufre quand le liquide est de l'eau acidulée par cet acide. On peut y comprendre aussi l'azote provenant de l'air que le liquide, peut tenir en dissolution. Tous ces éléments sont raréfiés et lumineux, et la couleur de la lumière participe nécessairement du mélange. Une teinte blanche domine et provient probablement de l'abondance relative de la vapeur de soufre fournie par le liquide. Si l'on opérait dans l'eau salée, on constaterait que la gaine émet une lumière d'un jaune brillant, due à l'excès du sodium.

Mais à mesure que la tension du courant décroît, la chaleur diminuant, ces dissociations sont moins complètes, les proportions dans lesquelles les divers produits se trouvent formés changent, et par suite la couleur varie ([1]). Quand le courant est réduit à une très faible tension, que l'action calorifique diminue, et qu'on approche du point où l'électrolyse de l'eau se produit à la manière ordinaire, l'hydrogène commence à dominer seul au pôle négatif, et si la chaleur

---

([1]) On observe aussi, dans les tubes de Geissler soumis à l'action prolongée d'un courant d'induction ou de haute tension, des changements analogues dans la couleur de la lumière qu'ils émettent; mais là les changements ne sont pas déterminés par les variations d'intensité du courant; ils sont permanents et dus à l'altération même des matières gazeuses contenues dans les tubes dont la quantité limitée n'est point renouvelée.

fournie par le courant est encore suffisante, il est maintenu le dernier incandescent pendant quelques instants.

De là, cette couleur rouge pourpre de la lumière qui apparaît finalement à l'extrémité de l'électrode négative : car on sait que telle est la couleur propre à l'hydrogène incandescent resserré dans un espace étroit. Or, la gaine lumineuse devient ici d'autant plus resserrée par le voisinage du liquide que l'effet calorifique du courant a diminué davantage.

133. Batteries de 200 à 800 couples secondaires, employées pour l'étude des effets électriques de haute tension. — Afin d'observer les effets produits par des courants électriques d'une tension très élevée, nous avons réuni successivement des batteries de 200 à 800 couples secondaires dont le courant de décharge, pendant les premiers instants qui suivent l'action du courant primaire, équivaut à celui de 300 à 1200 éléments de Grove ou de Bunsen.

La force électromotrice de chaque couple secondaire vaut, en effet, aussitôt après la rupture du courant primaire une fois et demie l'élément de Grove ou de Bunsen, ainsi que nous l'avons vu plus haut (80). Cette force électromotrice subit, il est vrai, un abaissement, quand le circuit secondaire n'est pas fermé immédiatement après l'action du courant primaire; mais, malgré cet affaiblissement, elle reste encore supérieure à celle de l'élément de Grove ou de Bunsen (81).

La résistance des couples composant ces batteries est, d'autre part, notablement inférieure à celle des éléments de Bunsen, de dimension ordinaire, par suite du très grand rapprochement des lames de plomb et malgré l'exiguïté de leur surface totale (2^{dm2}). Cette résistance est à peine de 3^m de fil de cuivre de 1^{mm} de diamètre (83).

Il en résulte que chacun de ces petits couples secondaires est capable de produire, quand les batteries sont bien chargées, un effet calorifique suffisant pour porter au rouge un fil de platine de 3 à 4/10es de millimètre de diamètre sur 5^{cm} de longueur.

Avec 200 couples secondaires seulement, nous avons pu rougir un fil de platine de ce diamètre sur 10^{m} de longueur. Cette incandescence est, sans doute, de très courte durée, à cause de la faible surface de chaque couple; mais si l'on produit la décharge dans des circuits moins bons conducteurs, si l'on étudie ses effets à la surface d'un liquide, par exemple, la dépense du courant est bien moins rapide, et nous avons pu souvent, avec une seule décharge, répéter plus de vingt expériences, sans épuiser complètement la charge des batteries.

134. La figure 37 représente la disposition de 400 éléments secondaires divisés en 10 batteries, chacune de 40 couples. Ces batteries ont la forme de celles que nous avons déjà décrites figure 20 (98); mais elles sont composées d'un nombre double de couples.

Dans nos dernières expériences, faites avec 800 couples secondaires, une seconde série de batteries, tout à fait semblable, est disposée dans une autre salle, et le courant de décharge qu'elle donne est réuni par des fils conducteurs à celui de la première série ([1]).

Ces batteries, associées d'abord en surface, à l'aide de commutateurs, n'exigent, pour être chargées toutes à la fois, que deux ou quatre couples de Bunsen, que l'on place sur le rebord extérieur d'une fenêtre, pour éviter les émanations acides. Quand les batteries ne sont pas restées trop longtemps sans fonctionner, quelques heures suffisent pour les charger. On peut ensuite, en tournant les commutateurs, associer tous les éléments secondaires en tension, et dépenser, à son gré, soit en quelques secondes, soit en

([1]) Plus récemment encore, nous avons disposé ces batteries en échelons sur des gradins, ce qui nous a permis de les faire tenir dans un espace beaucoup plus restreint.

Fig. 37.

un temps plus long, la grande quantité d'électricité résultant du travail chimique accumulé pendant plusieurs heures par les deux ou les quatre couples de Bunsen.

Les expériences se font le plus souvent dans l'obscurité, afin de pouvoir étudier les détails des phénomènes lumineux qui se produisent. Le voltamètre est représenté au moment où le courant électrique vient d'agir à sa surface. On voit encore la vapeur d'eau se dégager au-dessus du liquide, à la suite du puissant effet calorifique produit par le passage du courant.

Des rhéoscopes à fils de platine, tels que celui qui a été représenté figure 24 (102), sont placés sur les tables et servent à vérifier l'état des couples secondaires dans lesquels il pourrait se produire quelque accident, ainsi que nous l'avons expliqué.

D'autres grands rhéoscopes, à long fil de platine tendu entre des pinces, permettent d'examiner séparément, s'il y a lieu, l'état de chaque batterie (1).

---

(1) Quand il s'agit de mettre en jeu toutes les batteries, les expériences sont assez délicates à préparer, en raison de la multiplicité des couples secondaires et des nombreuses communications métalliques qu'ils exigent. Leur exécution n'est pas non plus exempte de dangers, car la décharge de ces courants, réunissant à la fois la quantité d'électricité et la tension, peut produire sur l'organisme de violentes secousses. Pendant trois ans, nous avons été assez heureux pour éviter ce genre de commotions; mais, lors d'une expérience faite, dans ces derniers temps, pour charger la machine rhéostatique qui sera décrite plus loin (Ve Partie), ayant touché involontairement les extrémités dénudées des fils aboutissant à une série de six cents couples secondaires, nous ressentîmes aussitôt, non seulement une commotion extrêmement forte, mais l'impression d'un feu brûlant traversant tout le corps, en remontant jusqu'à la nuque, ce qui nous fit pousser malgré nous un cri terrible, dont les personnes qui nous entouraient furent effrayées. Toutefois, cet accident n'eut aucune suite fâcheuse. Mais il n'en eût pas été peut-être de même, si les huit cents couples secondaires avaient été alors en fonction. Les commotions données par les bobines d'induction ne nous ont pas produit le même genre d'effet.

135. Globules liquides lumineux. — Lorsqu'on met en communication une batterie secondaire de 200 couples avec un voltamètre à eau acidulée par l'acide sulfurique ou à eau salée, de telle sorte que le fil positif soit seul immergé à l'avance, l'approche du fil négatif au contact du liquide détermine la fusion de ce fil ou sa volatilisation avec une sorte d'explosion et une flamme diversement colorée, suivant la nature du métal qui constitue

Fig. 38.

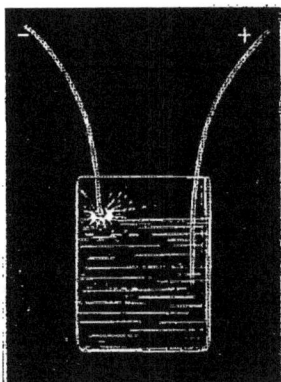

l'électrode. En diminuant la proportion d'acide contenue dans le liquide du voltamètre, de manière à éviter la fusion complète du métal, il se produit une série continue d'étincelles accompagnées d'une bruyante crépitation, et ces étincelles peuvent se prolonger, en décroissant peu à peu d'intensité, pendant plusieurs minutes (*fig.* 38).

Mais si, le fil négatif étant plongé, au contraire, à l'avance dans le liquide du voltamètre (qui doit être, de préférence, de l'eau salée, pour éviter les vapeurs acides et augmenter un peu la résistance du circuit), on approche le fil positif de la surface du liquide, les phénomènes sont complètement différents (¹). Le fil ne fond point, et l'on voit se former, à son extrémité, un petit globule liquide lumineux, accompagné d'un bruissement particulier (*fig.* 39). En relevant un peu le fil métallique, le globule augmente de volume, comme si le liquide était aspiré par l'électrode, acquiert un diamètre de 1^{cm} environ et prend en même temps un rapide mouvement gyratoire.

Il s'aplatit par suite de ce mouvement (*fig.* 40), s'allonge

Fig. 39.

Fig. 40.

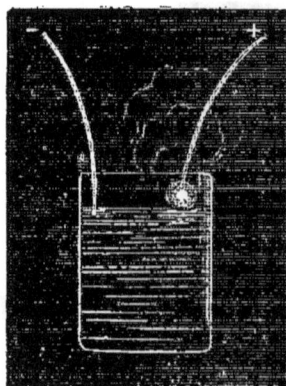

quelquefois vers le fil négatif, si celui-ci est assez rapproché, et finalement se dissipe, en même temps qu'il se produit une bruyante étincelle au pôle négatif, quand ce pôle plonge très peu dans le liquide.

Le globule se reforme de nouveau spontanément à l'extrémité du fil positif, et les mêmes phénomènes se reproduisent ainsi un certain nombre de fois de suite, d'une manière intermittente.

(¹) Le voltamètre est placé sur un support muni de crémaillères auxquelles sont reliés des fils de platine en relation avec les pôles de la batterie, de manière à les introduire, avec précaution, dans le liquide.

136. Le mouvement gyratoire n'a pas lieu invaria-
blement dans le même sens, comme les mouvements
gyratoires magnéto-électriques que nous décrirons plus
loin (158). Il a lieu tantôt dans un sens, tantôt dans l'autre.
Souvent il se produit un grand nombre de fois de suite
dans le même sens; mais ce sens peut changer sans cause
apparente.

C'est un mouvement gyratoire de réaction analogue à
ceux des tourniquets électriques, et dû à l'écoulement du
flux électrique dans le liquide. Le globule se trouvant
presque détaché, par sa forme sphéroïdale, du reste du
liquide du voltamètre, ou n'ayant qu'une faible surface
de contact avec ce liquide, le mouvement s'opère dans
un sens ou dans l'autre, suivant la position du point de la
surface du globule par lequel se fait le principal écoulement
du courant ou bien le dégagement de la vapeur produite.

L'apparence lumineuse de tout le globule paraît provenir
de la vive lumière émise à son contact avec le reste du
liquide.

Le bruissement est dû à la condensation, dans le liquide,
de la vapeur qui tend à se former autour de l'électrode.

Les intermittences et l'étincelle qui apparaît au pôle
négatif, au moment où le globule a atteint le maximum
de son développement, s'expliquent par cette raison que
le fil négatif, plongé d'avance d'une petite quantité dans
le liquide, se trouve bientôt séparé de sa surface par l'aspiration d'une portion du liquide qui forme le globule. Le
courant est alors un instant interrompu, le liquide du
globule retombant dans le voltamètre rétablit les communications, et les phénomènes peuvent ainsi se reproduire
plusieurs fois de suite, spontanément, jusqu'à l'épuisement
de la décharge des batteries.

137. Quant à l'agrégation même du liquide sous cette
forme globulaire, nous pensons qu'on peut se l'expliquer

par un phénomène *d'aspiration* résultant de l'écoulement
même du flux électrique, au pôle positif. Nous verrons
plus loin cette aspiration rendue encore plus frappante,
en employant un courant d'une plus grande tension et, en
limitant l'espace au liquide autour de l'électrode, renfermée
dans un tube étroit (148) (*Pompe voltaïque*). Mais ici, le
liquide, n'ayant point d'espace limité, s'agglomère naturellement sous la plus petite surface possible et prend la
forme sphéroïdale (¹).

Enfin, la cause même de cette aspiration nous paraît
être simplement l'effet calorifique très énergique produit
par ces courants de haute tension, qui développe de la
vapeur, aux points touchés par l'électrode, avec une telle
rapidité, que le vide produit doit être immédiatement
comblé.

**138. Flammes globulaires, aigrette voltaïque et figures
lumineuses produites par la décharge d'une batterie de
800 couples secondaires.** — Pour étudier les effets produits
avec un voltamètre à eau distillée, nous avons quadruplé la
tension du courant, en réunissant 20 batteries composées
chacune de 40 couples et formant un total de 800 couples
secondaires (²).

Quand on fait agir le courant de cet ensemble de batteries
sur l'eau distillée, on retrouve d'abord, avec une plus
grande intensité, un phénomène à peu près semblable
à celui qui a été observé par M. Grove, à l'aide de

(¹) Cette forme sphéroïdale prise par un liquide sous l'action de
l'effet calorifique produit par le courant électrique peut être rapprochée, du reste, de celle qui se manifeste également sous l'action de
la chaleur seule avec les liquides placés sur des surfaces incandescentes, et qui a été étudiée par M. Boutigny. C'est aussi la forme que
prennent les liquides simplement soustraits à l'action de la pesanteur
comme le montrent les expériences de M. Plateau.

(²) *Comptes rendus*, t. LXXXV, octobre 1877, p. 619.

5oo éléments de sa pile à acide nitrique. L'électrode positive étant plongée d'avance dans l'eau distillée, on obtient, en approchant le fil de platine négatif de la surface de l'eau, et le relevant aussitôt, une flamme jaune, presque sphérique, de 2^{cm} environ de diamètre (*fig.* 41). Le fil de platine, d'un diamètre de 2^{mm}, fond avec vivacité et se

Fig. 41.

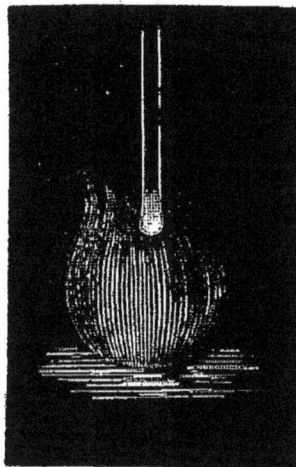

maintient quelques instants en fusion à une hauteur de 14 à 15^{mm} au-dessus du liquide.

Cette flamme est formée par l'air raréfié incandescent, par la vapeur du métal de l'électrode et par les éléments de la vapeur d'eau décomposée; l'analyse spectrale y montre surtout clairement la présence de l'hydrogène.

Si, pour éviter la fusion du métal, on diminue l'intensité du courant en interposant une colonne d'eau dans le circuit, l'étincelle apparaît sous la forme très nette d'un petit *globe de feu* de 8 à 10^{mm} de diamètre (*fig.* 42).

En relevant un peu plus l'électrode, ce globe prend une forme ovoïde; des points bleus lumineux dont le nombre varie continuellement, disposés en cercles concentriques,

apparaissent à la surface de l'eau (*fig.* 43). Des rayons de
même couleur partent bientôt du centre et joignent ces
points (*fig.* 44).

Par intervalles, les rayons prennent un mouvement

Fig. 42.

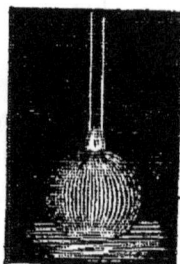

gyratoire, tantôt dans un sens, tantôt dans l'autre, en
décrivant des spirales (*fig.* 45 et 46). Quelquefois les points
et rayons disparaissent tous d'un même côté, et des courbes

Fig. 43.   Fig. 44.   Fig. 45.   Fig. 46.   Fig. 47.

variées, formées par le mouvement de ceux qui restent,
se dessinent à la surface du liquide. Finalement, quand
la vitesse du mouvement gyratoire augmente, tous les
rayons s'évanouissent, et l'on ne voit plus que des anneaux
bleus concentriques (*fig.* 47). Les anneaux se trouvent être
le dernier terme de ces transformations qui sont très

curieuses à suivre à l'œil nu, ou avec une lunette, et constituent un véritable *kaléidoscope électrique* ([1]).

139. La production de ces figures s'explique par la
grande mobilité des arcs ou filets lumineux qui composent
la lumière ovoïde, formée entre l'eau et l'électrode. En
examinant avec soin cette forme particulière d'étincelle, on
reconnaît que c'est, en réalité, une sorte de houppe ou
d'*aigrette voltaïque*, analogue aux aigrettes de l'électricité
statique, mais mieux fournie, à cause de la quantité plus
grande d'électricité en jeu. Ces filets lumineux étant dans
un état d'agitation continuelle, les points où ils rencontrent
la surface du liquide se déplacent constamment et forment
les rayons observés. Leur mouvement gyratoire provient
de la réaction due à l'écoulement du flux électrique. Quant
aux anneaux, ils se forment d'une manière visible, sous
l'œil de l'observateur, par le mouvement de plus en plus
rapide des points bleus et par la persistance de l'impression
sur la rétine.

140. Lorsque l'électrode métallique est positive, et
l'eau distillée négative, l'étincelle affecte encore extérieurement une forme ovoïde; mais le milieu est traversé par
un cône de lumière violacée.

Quand on emploie deux électrodes métalliques, on
obtient un sphéroïde lumineux dont l'intérieur est traversé
par un trait brillant. Cette apparence correspond au trait
et à l'auréole de l'étincelle des courants d'induction;
seulement, ici, l'auréole occupe plus d'espace, par suite encore

---

([1]) Ces phénomènes peuvent être rapprochés de ceux qui ont été
observés par M. Fernet avec les courants d'induction (*Comptes rendus*,
1864); ils offrent aussi une grande ressemblance avec ceux qui résultent
de la chute de gouttes liquides sur une surface plane, et qui ont été
étudiés par MM. Helmholtz, Thomson, Maxwell, Tait, Rogers,
Worthington, Trowbridge.

de la plus grande quantité d'électricité. En effet, si l'on augmente beaucoup la longueur de la colonne d'eau interposée, on n'obtient plus qu'un arc ou qu'un trait rectiligne.

Il n'est pas nécessaire, dans ces expériences, d'amener l'électrode au contact de l'eau pour déterminer le passage du flux électrique. La tension des batteries, bien que les couples qui la composent ne soient pas isolés d'une manière particulière, est assez grande pour que l'étincelle éclate spontanément à 1^{mm} environ au-dessus du liquide.

141. Si, au lieu de laisser l'électrode fixe à la surface du voltamètre, pendant la production de l'écoulement du flux électrique sous la forme de ces étincelles ou aigrettes globulaires, on suspend l'un des fils servant d'électrode à une assez grande hauteur, et qu'on lui donne assez de poids et de longueur pour pouvoir osciller comme un pendule à la surface du liquide ou au-dessus d'une plaque conductrice, sans que sa distance à cette surface change sensiblement, le petit globule de feu, produit à l'extrémité du fil, suit naturellement les mouvements de l'électrode, et, quand on opère dans l'obscurité, on ne voit que le globule de feu se mouvoir à la surface du liquide. Nous invoquerons plus loin cette expérience (IVe Partie) pour expliquer certaines apparences des phénomènes électriques naturels.

142. **Étincelle électrique ambulante.** — L'étincelle électrique, sous cette forme globulaire résultant de l'action d'une grande quantité d'électricité sur la matière pondérable, peut être animée, par elle-même, d'un mouvement de progression, sans qu'il soit nécessaire de faire mouvoir l'une ou l'autre électrode.

C'est ce qui résulte d'une expérience plus récente que nous avons faite [1] en nous servant de l'appareil que nous

[1] *Comptes rendus*, t. LXXXVII, 19 août 1878, p. 325.

décrivons, dans la cinquième Partie, sous le nom de machine rhéostatique.

Bien que cette expérience ne nécessite pas l'emploi d'un voltamètre, nous en donnerons ici la description, parce qu'elle se rapporte aux formes globulaires de la matière électrisée, dont nous venons de citer plusieurs exemples, et que nous rapprocherons également cette expérience des précédentes, pour expliquer, par analogie, la progression lente, dans certains cas, de la foudre globulaire.

Si l'on met en communication les deux pôles de la batterie secondaire de 800 couples avec les armatures d'un condensateur dont la lame isolante est formée par une feuille de mica, ce condensateur se charge comme une bouteille de Leyde et peut donner, quand on le décharge, une étincelle du genre de celles de l'électricité statique.

Mais, si la lame de mica présente, par hasard, quelque point très mince, ou quelque fissure produite lors de son clivage, cette lame se perce spontanément en ce point, sous l'action du courant des 800 couples secondaires, de même que le verre d'une bouteille de Leyde trop fortement chargée par une machine électrique.

Un phénomène remarquable se présente alors à l'observation. Par suite du grand pouvoir calorifique de l'électricité en jeu dans cette expérience, l'étincelle qui a éclaté sur un point du condensateur, entre les deux armatures, n'a point une durée instantanée comme celles de l'électricité statique; mais comme elle est accompagnée de la fusion du métal et même de la matière isolante du condensateur, elle forme un petit globule lumineux, très brillant, qui se met en mouvement avec un bruissement particulier, et trace lentement, sur la lame d'étain du condensateur, un sillon profond, sinueux et irrégulier.

La figure 48 offre une copie fidèle de la portion de la surface d'un condensateur où le phénomène s'est produit. L'étincelle, apparue d'abord en A, se ramifie bientôt en B jusqu'en C; là, elle disparaît pour reparaître aussitôt au point B, avec une telle rapidité et dans un intervalle de temps si peu appréciable, qu'elle semble avoir fait un bond; elle se dirige ensuite vers D; là, elle forme une nouvelle

Fig. 48.

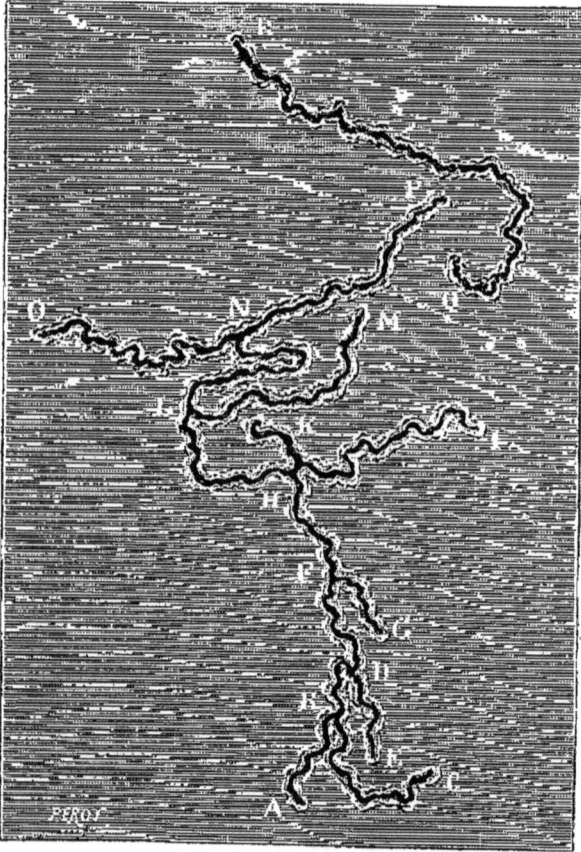

ramification qui s'arrête en E, reparaît en D, continue sa marche vers F et ainsi de suite. Quelquefois, comme dans le cas présent, l'étincelle se montre de nouveau plus loin, sur un point Q détaché du sillon principal, pour s'arrêter ensuite en R, et le phénomène ne cesse que lorsque la lame de mica ne présente plus de partie assez mince pour être traversée. Dans d'autres cas, l'étincelle reste quelque temps stationnaire autour du même point ; d'autres fois encore, l'une des ramifications s'allonge démesurément, et décrit, sur toute la surface, des contours analogues à ceux d'une carte géographique. Un tube à eau distillée a été préalablement interposé dans le circuit de la batterie secondaire, pour éviter des effets calorifiques trop intenses et la déflagration de tout le condensateur.

Pendant que le phénomène se produit, on ne peut prévoir d'avance par quels points passera l'étincelle ; rien n'est plus bizarre que la marche de ce petit globule éblouissant que l'on voit cheminer lentement et choisir les points sur lesquels il doit se diriger, suivant la résistance plus ou moins grande des points de la lame isolante.

Le condensateur se trouve découpé à jour sur le trajet de l'étincelle, et l'étain forme un double chapelet de grains fondus autour des bords du mica consumé.

143. Gerbe de globules aqueux. — Reprenant le volta-

Fig. 49.

mètre à eau salée dans lequel le courant d'une batterie de 200 couples produit, au pôle positif, un globule liquide lumineux, si l'on vient à doubler la tension du courant, en employant une batterie de 400 couples, les effets sont complètement changés.

On obtient alors, par l'immersion du fil positif, au lieu d'un globule unique, une *gerbe* d'innombrables globules ovoïdes qui se succèdent avec une excessive rapidité et sont projetés à plus de 1^m de distance du vase où se fait l'expérience (*fig.* 49). C'est une sorte de *pulvérisation* de l'eau en glouttelettes d'une certaine grosseur que produit la décharge électrique.

L'étincelle se présente, dans ce cas, à la surface du liquide sous la forme de couronne ou d'auréole à pointes

Fig. 5o.

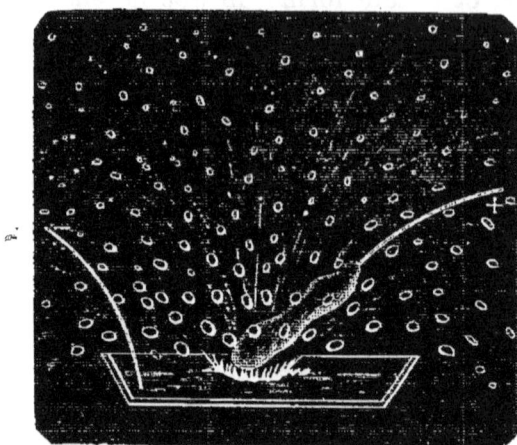

multiples d'où jaillissent les globules aqueux ([1]). La métallité de l'électrode n'est pas nécessaire pour obtenir cet effet; un fragment de papier à filtrer, humecté d'eau salée, en communication avec le pôle positif, produit également le phénomène (*fig.* 5o).

([1]) *Comptes rendus*, t. LXXXII, 31 janvier 1876, p. 314.

144. Jets de vapeur. — Si, au lieu de rencontrer une couche profonde de liquide, le courant ne rencontre qu'une surface humide, telle que les parois mêmes ou le fond incliné de la cuvette, les effets calorifiques prédominent,

Fig. 51.

l'auréole est plus brillante, et l'eau est rapidement transformée en vapeur (*fig.* 51).

L'action du courant diffère donc suivant la résistance qui lui est opposée, et l'on trouve ici un nouvel exemple de substitution réciproque de la chaleur et du travail mécanique résultant du choc électrique. Lorsque le travail représenté par la projection violente du liquide apparaît, il n'y a pas de chaleur ni de vapeur développées, et, quand aucun travail visible n'est accompli, lorsque le liquide n'est pas projeté, il y a chaleur engendrée et dégagement de vapeur.

145. La formation de ces sillons lumineux, accompagnés de jets de vapeur, est *intermittente*. Chaque fois, en effet, que l'électrode en contact avec la surface humide a vaporisé les gouttelettes d'eau qui l'entouraient, le courant se trouve un instant interrompu, mais une nouvelle

portion de la masse liquide qui humectait cette surface
afflue aussitôt, et le phénomène recommence, se produisant
ainsi, d'une manière intermittente, jusqu'à l'épuisement
de la décharge voltaïque.

146. **Veine liquide électrisée; mouvement gyratoire.**
— Si l'on fait écouler une veine d'eau salée d'un
entonnoir communiquant avec le pôle positif de la même
batterie (400 couples secondaires) dans une cuvette où
plonge d'avance le fil négatif et au-dessous de laquelle est
placé un électro-aimant (*fig.* 52), on aperçoit, dès que le

Fig. 52.

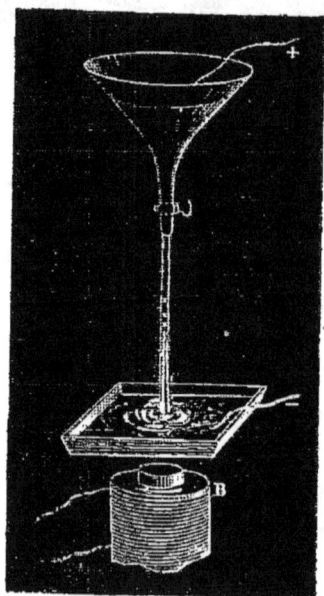

circuit voltaïque est fermé, un filet lumineux, accompagné
de quelques points brillants, à la partie inférieure de la
veine; des étincelles jaillissent avec bruissement à son
extrémité, de la vapeur d'eau se dégage, et le liquide qui
entoure le bas de la veine prend un mouvement gyratoire

en sens inverse de celui des aiguilles d'une montre, si le pôle de l'électro-aimant est boréal, et dans le même sens, si ce pôle est austral. Le mouvement est rendu visible par des corps légers répandus à la surface du liquide ([1]).

Si l'on raccourcit la veine, de manière à éviter toute solution de continuité à sa partie inférieure, les signes électriques et lumineux disparaissent presque complètement ; le liquide s'échauffe néanmoins, comme l'atteste une légère vapeur, et le mouvement gyratoire est encore plus net et plus rapide. En allongeant de nouveau la veine, les manifestations électriques et lumineuses reparaissent comme auparavant.

147. Mascaret électrique. — En appuyant l'électrode positive contre les parois du vase d'eau salée commu-

Fig. 53.

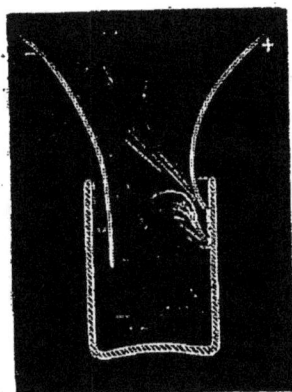

niquant avec le pôle négatif, on observe, outre des sillons lumineux et des jets abondants de vapeur, un violent remous du liquide, formant une sorte de *mascaret* électrique, qui élève l'eau à la hauteur de $1^{cm},5$ au-dessus de son niveau (*fig.* 53). Si le flux rencontre sur certains points des inégalités

([1]) *Comptes rendus*, t. LXXXII, 17 janvier 1876, p. 220.

de résistance, il peut se diviser et faire naître deux ou trois monticules aqueux, comme l'indique la figure 54.

Ce phénomène est encore un résultat de l'effet calorifique produit par le courant sur la surface humide qu'il rencontre. Le liquide est repoussé par la pression de la vapeur

Fig. 54.

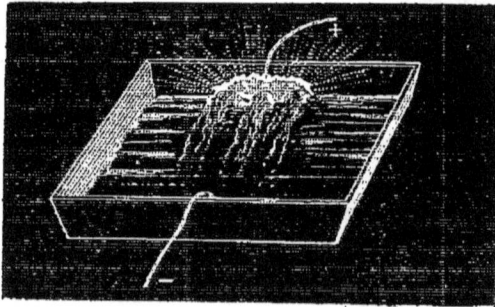

brusquement développée par le courant sur un point déterminé.

On peut rapprocher cet effet du souffle et du vent produit sous l'influence d'un écoulement abondant d'électricité statique. Seulement, dans ce dernier cas, si la tension est plus grande, la quantité d'électricité est beaucoup moindre ; aussi un flux d'électricité statique ne produit-il un effet de ce genre que sur l'air ; il ne pourrait agir de même sur une masse liquide.

148. **Pompe voltaïque.** — Des effets remarquables d'*aspiration* peuvent être produits aussi par le flux électrique. Si l'on introduit le fil positif dans un tube capillaire, en laissant toutefois un intervalle libre de $0^{cm},5$ environ à son extrémité, on voit, aussitôt qu'on plonge le tube électrode dans l'eau salée, le liquide s'élever, avec une très grande rapidité, à une hauteur de $0^{m},25$ à $0^{m},3o$ et retomber en nappe sillonnée de traits brillants et de jets de vapeur (*fig.* 55).

On constitue ainsi une *pompe voltaïque*, dans laquelle le vide formé résulte de la production et de la condensation de la vapeur autour de l'électrode.

Fig. 55.

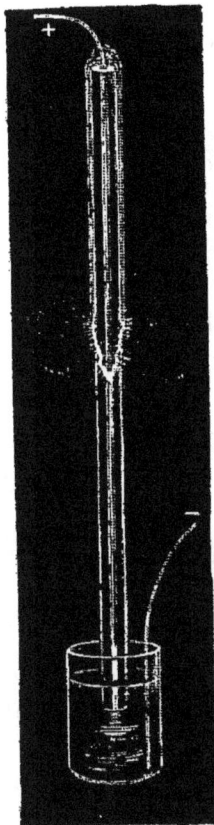

149. La bague lumineuse qui accompagne la chute du liquide, depuis la partie supérieure du tube jusqu'à la partie inférieure, et reparaît de nouveau spontanément, d'une manière intermittente, à la partie supérieure, pour redescendre encore, constitue l'un des effets les plus brillants et les plus curieux que nous ayons observés avec des courants électriques de haute tension.

Ce phénomène s'explique comme il suit : le liquide aspiré constitue un prolongement de l'électrode négative formée elle-même par le liquide du voltamètre (131). Des phénomènes calorifiques et lumineux doivent donc se manifester à l'extrémité de la nappe liquide retombant du haut du tube, surtout si le verre déjà humide offre une certaine conductibilité qui établit ainsi une communication extérieure avec le voltamètre. Les intermittences viennent de ce que la quantité de liquide aspirée étant, en somme, très minime, son écoulement le long des parois du tube ne recommence que lorsque la goutte formée à la partie supérieure a acquis un certain volume, et le liquide s'écoule en moins de temps que la goutte n'en met à se former. Une partie, d'ailleurs, est vaporisée au fur et à mesure par l'action calorifique du courant.

150. L'ascension du liquide est si rapide, malgré la résistance opposée par l'exiguïté du canal, qu'on aperçoit la gouttelette lumineuse à l'extrémité supérieure du tube aussitôt que la partie inférieure touche le liquide.

Si le tube a une longueur trop grande pour que l'eau salée puisse en atteindre la partie supérieure et retomber au dehors, le liquide s'y maintient à une hauteur déterminée qui va en baissant peu à peu, à mesure que le courant de décharge des batteries s'affaiblit. Cette hauteur est d'autant moins grande que la tension du courant est moins forte, de sorte qu'elle pourrait servir, à la rigueur, de mesure à cette tension.

On a souvent comparé la tension d'une pile à la hauteur plus ou moins grande d'une masse d'eau, et la quantité d'électricité qu'elle fournit au débit plus ou moins abondant du liquide, suivant le diamètre du canal d'écoulement. Ici, l'image se trouve, en quelque sorte, matériellement réalisée par un effet mécanique du courant électrique.

151. **Cônes liquides.** — Ces effets d'aspiration produits par le courant électrique peuvent se présenter encore sous une autre forme. Si l'on emploie une tension plus élevée, celle de 800 couples secondaires, et si l'on approche l'électrode de la surface de l'eau distillée, le liquide se soulève quelquefois en forme de *cône* avant que l'étincelle n'éclate. Ce phénomène, peu marqué avec l'électricité statique, mais entrevu néanmoins par Peltier, et observé depuis longtemps sur l'huile mieux que sur l'eau elle-même, avec ce genre d'électricité, est ici beaucoup plus marqué, à cause de la plus grande quantité d'électricité en jeu.

Si l'on forme l'électrode d'un pinceau humide d'amiante ou de papier à filtrer, il se produit, autour du petit cône aqueux qui reste suspendu à l'extrémité de l'électrode pendant le passage du courant, une couronne de vapeurs abondantes, provenant de l'effet calorifique développé par le courant à son passage dans le liquide.

152. **Détonations produites à l'extrémité de l'électrode positive.** — Si l'on introduit le fil de platine positif dans un tube capillaire, comme dans l'expérience précédente, mais de manière qu'il aboutisse exactement à l'extrémité du tube, il se produit, quand on le plonge profondément dans le liquide, un bruissement strident, et si on le relève, après 1 ou 2 secondes d'immersion, quand l'extrémité du tube atteint le niveau supérieur du liquide, on entend une détonation semblable à celle d'une capsule fulminante. Le tube n'est, malgré cela, ni brisé ni fendu; mais l'orifice inférieur est devenu conique, et le verre a été creusé en forme d'entonnoir ([1]).

L'intensité de ce bruit est remarquable, quand on considère l'exiguïté de l'espace annulaire compris entre le fil de platine et les parois du tube capillaire, et si l'on observe,

---

([1]) *Comptes rendus,* t. LXXXI, 26 juillet 1875, p. 185.

de plus, que ce tube est ouvert à ses deux extrémités;
cependant le phénomène se reproduit avec plus de facilité
si le tube est fermé par le haut. La figure 56 représente

Fig. 56.

Fig. 57.

le tube avant l'expérience, et la figure 57 représente le
même tube après que la détonation s'est produite.

153. Ce phénomène n'a pas lieu ou se trouve beaucoup
moins marqué avec le fil négatif; car, dans ce cas, tout
l'effet calorifique de la décharge se porte sur l'électrode,
fond le métal et le volatilise, tandis que, si le fil approché
du liquide est positif, il rougit sans fondre, et c'est sur le
liquide lui-même représentant le pôle négatif (131) que se
porte l'action calorifique de la décharge; la vaporisation
se produit, avec une énergie extraordinaire, autour de
l'électrode resserrée entre les parois du tube de verre,
et il en résulte le bruissement strident mentionné plus
haut.

154. Nous avions pensé d'abord que la détonation elle-même accompagnée de la pulvérisation du verre était un effet dû à la rentrée brusque de l'air dans le tube au moment où la vaporisation du liquide cesse par l'interruption du courant. Mais ayant observé, depuis, que quelques bulles de gaz apparaissaient à l'extrémité de l'électrode positive, au milieu du tourbillon liquide causé par la condensation de la vapeur, et que ce gaz était formé d'un mélange explosif des éléments de l'eau, par suite de la dissociation de l'eau à la haute température produite, la détonation entendue au moment de la sortie du tube du liquide nous a paru pouvoir s'expliquer par l'inflammation du mélange détonant remplissant l'extrémité inférieure du tube capillaire, sous l'influence de l'étincelle de rupture.

Ce phénomène se rattacherait alors à ceux du même genre observés dans les voltamètres par M. Bertin avec une tension beaucoup moindre, lorsque les gaz produits par les deux pôles se trouvent mélangés dans une même cloche au-dessus des électrodes.

Il y aurait toutefois cette différence que le phénomène se produit ici autour d'un seul pôle par suite de la tension très élevée du courant.

Il est essentiel, en effet, que le courant ait une très grande tension pour que l'expérience dont il s'agit réussisse; car 200 couples secondaires ne suffisent pas; il faut en employer 250 à 300.

Pour expliquer la pulvérisation de la partie inférieure du tube de verre, effet dont l'explosion d'un mélange de très minimes quantités d'oxygène et d'hydrogène ne rend que difficilement compte, on serait tenté de soupçonner la formation de quelque composé très instable du chlore, qui donne lieu, comme on le sait, à des combinaisons douées d'un grand pouvoir détonant, d'autant plus que nous n'avons pu observer l'effet dont il s'agit avec d'autre liquide qu'avec la solution de chlorure de sodium.

Quelle que soit la cause du phénomène, il nous a paru mériter d'être signalé, et nous nous proposons d'en faire un jour une étude toute spéciale.

155. **Lumière électrosilicique.** — Si l'on augmente un peu la tension du courant employé dans l'expérience précédente, sans changer d'ailleurs les autres conditions,

Fig. 58.

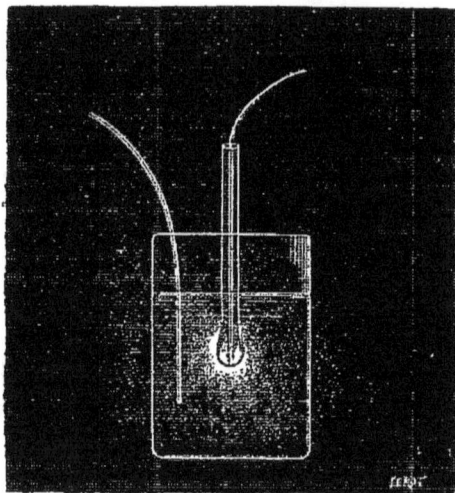

en plongeant dans l'eau salée le tube de verre traversé par l'électrode de platine positive, il se manifeste un phénomène, brillant à l'extrémité de cette électrode. Non seulement le fil métallique fond, mais le verre lui-même entre en fusion, au sein même du liquide, en répandant une lumière éblouissante. L'extrémité du fil de platine qui s'est façonnée en boule se trouve englobée dans une petite masse de verre fondu, et la lumière se maintient très vive pendant la décharge de la batterie secondaire, jusqu'à ce que le verre, refroidi autour de l'électrode, l'isole complètement du liquide (*fig.* 58) (¹).

(¹) *Comptes rendus*, t. LXXXIV, 3o avril 1877, p. 914.

Quand on opère avec une dissolution de sel marin dans le voltamètre, cet effet lumineux exige, pour se produire, la réunion de plus de 300 couples secondaires; mais, si l'on emploie une solution d'azotate de potasse, il se manifeste de même avec 60 et 80 couples secondaires seulement.

La manière dont les dissolutions salines se comportent vis-à-vis de la silice du verre porté à une haute température

Fig. 59.

par le courant électrique est, en effet, très variée, à cause de la fusibilité plus ou moins grande des silicates formés, ainsi que l'a reconnu déjà M. Carré, en mélangeant divers sels aux charbons employés pour la lumière électrique ordinaire.

La lumière vitrée peut encore se produire en appuyant l'électrode positive ou négative contre une lame de verre à peu de distance au-dessus de la solution saline (*fig.* 59). Elle est accompagnée d'un dégagement de vapeurs blanches, et le verre est en même temps fortement attaqué.

Cette lumière se produit également le long des parois

d'une cuvette en porcelaine, ainsi que nous l'avons vu
(144, 147) (*fig.* 51 et 54). Elle ajoute son éclat à celui de l'arc
voltaïque dans les bougies électriques de M. Jablochkoff,
quand la substance qui sépare les charbons est une lame
de porcelaine ou de kaolin.

Les phénomènes lumineux observés autour du verre, à
l'aide des courants d'induction, par MM. du Moncel, Gassiot,
Grove, etc., se rattachent aussi à la lumière dont il s'agit.

On pourrait être porté à attribuer à la chaux combinée
à la silice dans le verre l'éclat de cette lumière; mais si

Fig. 60.

l'on examine le spectre qu'elle donne, on reconnaît qu'il
ne présente pas de raies appréciables, tandis qu'un fragment
de spath calcaire, placé dans les mêmes conditions, tout
en donnant aussi une lumière très vive, laisse voir les raies
caractéristiques du calcium.

156. Les raies du silicium étant faibles, d'après l'analyse
de M. Kirchhoff, on conçoit qu'elles n'apparaissent pas,

en raison de l'intensité lumineuse du spectre formé. Mais l'origine *silicique* de cette lumière est démontrée par ce fait important, qu'elle se manifeste au contact de l'électrode avec de la silice pure à l'état de cristaux de *quartz hyalin* (*fig.* 60). Il faut seulement, pour la produire, dans ce cas, avec la même solution saline, une force électrique plus grande que pour le verre, soit environ 100 couples secondaires.

La silice elle-même devant être décomposée par ces courants de grande tension, l'effet lumineux résulte, selon toute vraisemblance, de l'incandescence du silicium dont M. H. Sainte-Claire Deville et M. Wœhler ont montré des analogies remarquables avec le diamant et le graphite. Pour distinguer cette lumière de celle qui est produite par un courant électrique entre deux cônes de charbon, nous l'avons désignée sous le nom de lumière *électrosilicique*.

157. **Couronnes, arcs, rayons et mouvements ondulatoires.** — 1º Si l'on met l'électrode positive d'une batterie secon-

Fig. 61.

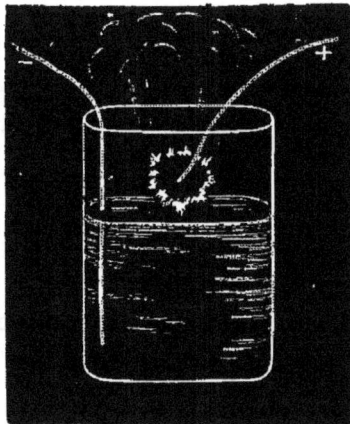

daire de 400 couples en contact avec les parois humides d'un vase d'eau salée où plonge d'avance l'électrode négative, on observe, suivant la distance plus ou moins grande du liquide, soit une *couronne* formée de particules lumineuses disposées en cercle autour de l'électrode (*fig.* 61), soit un *arc* bordé d'une frange de rayons brillants (*fig.* 62), soit une

Fig. 62.   Fig. 63.

ligne sinueuse animée d'un rapide mouvement ondulatoire (*fig.* 63) [1].

Un bruissement particulier, sans cesse croissant, se fait entendre, et de la vapeur d'eau s'échappe, en jets rapides, au-dessus des traits de feu, comme si elle avait une certaine pression.

Si l'on enfonce encore plus le fil, il se produit un anneau lumineux fermé; à cet anneau en succède un autre, et l'on a ainsi une génération d'ondes brillantes, à l'intérieur desquelles le liquide est agité par un vif mouvement tourbillonnaire.

On voit même apparaître quelquefois, autour des tour-

[1] *Comptes rendus*, t. LXXXII, 13 mars 1876, p. 626.

billons liquides, de petits anneaux lumineux irréguliers, détachés du verre et de l'électrode.

Si le vase dans lequel on opére est un tube en U, ou ne renferme qu'une petite quantité de liquide, toutes ces ondes finissent par se confondre, le liquide devient complètement lumineux, et entre dans une violente ébullition.

Pendant ce temps, la déviation d'une aiguille aimantée, placée près du circuit, éprouve de continuelles variations.

158. **Spirales électrodynamiques.** — L'expérience suivante, que nous avons décrite en 1860 ([1]), n'exige pas une tension électrique aussi grande que les précédentes. Elle peut être réalisée avec une batterie secondaire de 10 à 20 couples ou avec une pile de 15 à 20 éléments de Bunsen. Nous la classerons néanmoins parmi celles qui se rapportent aux effets des courants électriques de grande tension, parce qu'elle donne des résultats notablement différents de ceux que l'on obtient quand on emploie une tension beaucoup plus faible.

L'électrode positive est ici un fil de cuivre, le liquide du voltamètre est de l'eau acidulée au 1/10e par l'acide sulfurique. Tandis que dans les conditions ordinaires de l'électrolyse de l'eau avec ce voltamètre, sous l'action d'un courant faible, le fil positif se recouvre d'une couche d'oxyde qui se dissout lentement dans le liquide (8), il se manifeste un phénomène différent si l'on emploie un courant d'une certaine tension.

Le siège principal de l'oxydation se trouve transporté à l'extrémité du fil. Un sifflement analogue à celui que produit un métal rougi plongé dans l'eau froide se fait entendre, et l'extrémité du fil donne naissance à un jet d'oxyde très

([1] *Bibl. univ. de Genève*, t. VII, 20 avril 1860, p. 332.

divisé qui s'échappe en flocons abondants et ne se dissout pas dans le liquide (*fig.* 64).

En même temps le fil prend la forme d'une pointe très

Fig. 64.

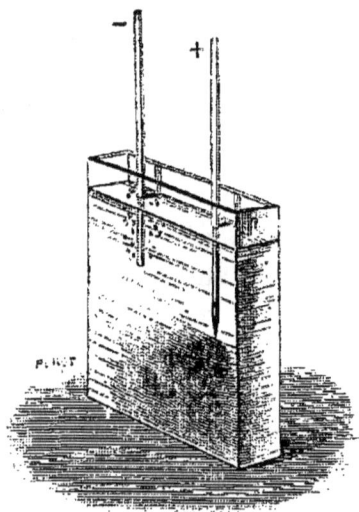

aiguë, et l'intensité du courant qui traverse le voltamètre augmente notablement ([1]).

Si l'on approche alors le pôle d'un aimant de l'extrémité de l'électrode, le nuage d'oxyde prend un mouvement gyratoire très rapide dans un sens ou dans l'autre suivant le pôle de l'aimant que l'on présente. La rotation s'effectue conformément aux lois d'Ampère, *en sens inverse du mouvement des aiguilles d'une montre, en présence d'un pôle boréal* (*fig.* 65), *et dans le même sens que celui des aiguilles d'une montre, en présence d'un pôle austral* (*fig.* 66).

([1]) L'oxyde formé dans ce cas paraît être du protoxyde de cuivre plutôt que du bioxyde, ainsi que nous l'avons dit plus haut (*voir* note du paragraphe 38).

Les flèches tracées autour des spirales indiquent le sens du mouvement gyratoire sous l'influence de l'aimant, et les flèches tracées autour de l'aimant indiquent le sens des

Fig. 65.   Fig. 66.

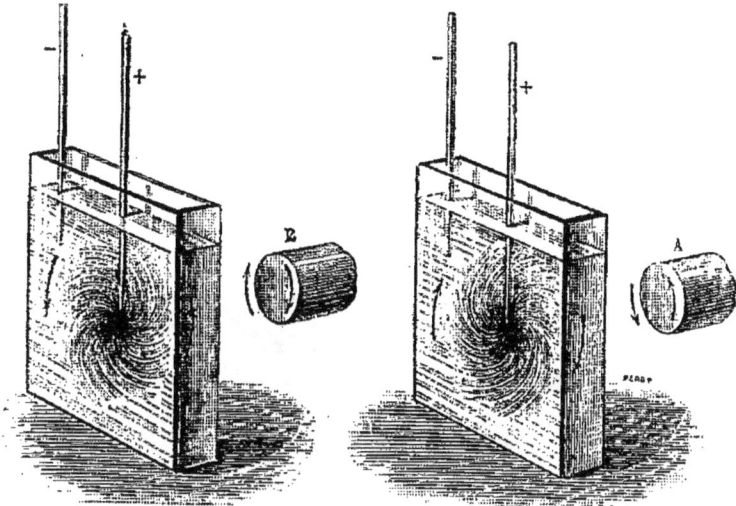

courants magnétiques; B est le pôle boréal, A est le pôle austral (¹).

159. On peut donner encore à cette expérience la disposition représentée par la figure 67. Une cuvette en verre ou en porcelaine est placée au-dessus d'un électro-aimant et remplie d'eau acidulée; un fil métallique quelconque, en communication avec le pôle négatif d'une pile de 15 éléments de Bunsen, plonge d'avance dans le liquide. Le fil positif en cuivre, tenu à la main, est plongé successivement dans le liquide au-dessus de chaque pôle de l'électro-aimant (²).

(¹) Cette expérience est facile à reproduire par projection. Nous l'avons répétée ainsi à notre cours de l'Association polytechnique en 1861.

(²) Le même courant peut à la fois aimanter l'électro-aimant et agir sur le voltamètre.

Le nuage d'oxyde se produit, les spirales se développent, et comme l'oxyde formé ne se dissout pas immédiatement dans le liquide, mais flotte dans un état de division extrème à sa surface, les deux sortes de spirales de sens différent restent quelques instants tracées à la surface du liquide

Fig. 67.

après que le courant a cessé d'agir et conservent même le mouvement dont le liquide était animé sous l'influence magnéto-électrique.

M. Sylvanus P. Thompson a obtenu, depuis, des spirales analogues en faisant agir sur de la limaille de fer un aimant traversé par un courant électrique, et les a fixées de même que d'autres fantômes magnétiques produits par des actions électrodynamiques (¹).

L'expérience décrite ci-dessus peut se rattacher à plusieurs autres sur la rotation des liquides traversés par des courants autour des aimants, telle que celles de MM. Wartmann, Jamin, etc. Mais ce qui la caractérise plus particulièrement, c'est la rotation en forme de courbes spirales, par suite de l'action magnétique qui s'exerce sur les courants rayonnant autour d'un même point formé par l'extrémité de l'élec-

---

(¹) Voir *La Nature*, 17 août 1878, p. 179.

trode; et la netteté de ces spirales est d'autant plus grande
que l'électrode fournit elle-même, par sa désagrégation,
la matière solide nécessaire pour rendre visible la marche
des courants au sein du liquide.

160. **Perforations cratériformes.** — Si l'on met une
feuille de papier à filtrer, humectée d'eau salée, en commu-

Fig. 68.

nication avec le pôle négatif d'une batterie secondaire
de 400 éléments, et si, d'autre part, on vient à toucher la
surface humide avec le pôle positif, il se produit, au-dessous
de ce fil, avec dégagement de lumière et projection de
vapeur, une cavité en forme de *cratère* hérissé, sur ses bords,
d'innombrables filaments desséchés et enchevêtrés les
uns dans les autres (*fig.* 68). Le fil positif se trouve en

Fig. 69.

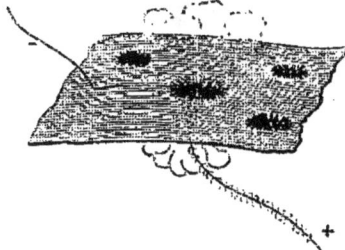

même temps recouvert d'un magma formé par la pâte de
papier transportée; des débris filiformes adhèrent aussi
à l'électrode sur une longueur de 10 à 15^{cm}.

Les extrémités des filaments sont dirigées vers l'électrode positive, de sorte que, si l'on place cette électrode au-dessous du papier, on n'observe point de cratère saillant à la surface supérieure, mais une simple excavation dont les rebords filamenteux sont comme *aspirés* et *rentrés* en dedans vers le point d'où sort l'électricité positive (*fig.* 69).

Quelques filaments, par suite de leur grande longueur et de leur dessiccation instantanée, se recourbent en crochet

Fig. 70.

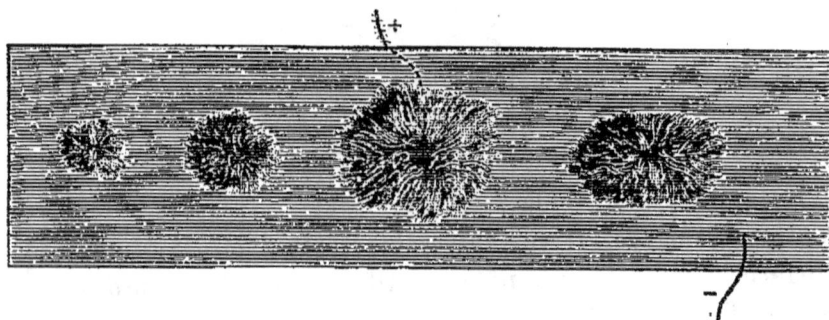

à leur extrémité. La figure 70 représente les détails de ces perforations électriques en grandeur naturelle.

Ces phénomènes sont encore le résultat de l'action calorifique exercée par le courant, laquelle vaporise et dessèche instantanément les fibres humides de la matière organique, et sont dus en même temps à sa grande tension, qui produit des effets d'attraction ou d'aspiration et la division mécanique de la matière soumise à la décharge.

CHAPITRE II.

---

161. Gravure sur verre par l'électricité. — Nous avons décrit précédemment (152) une expérience dans laquelle un tube de verre, traversé par un fil de platine servant d'électrode à un puissant courant voltaïque, se trouve creusé instantanément en forme de cône ou d'entonnoir, au sein d'un voltamètre contenant une solution saline. Dans d'autres expériences (157) sur les effets lumineux produits par un courant de forte tension, contre les parois d'un vase en verre ou en cristal, humecté d'une solution de sel marin, nous avons eu l'occasion d'observer que le verre ou le cristal était fortement attaqué aux points touchés par l'électrode, et que les anneaux lumineux concentriques, formés tout autour, restaient quelquefois gravés à la surface du verre du voltamètre. Nous avons reconnu, de plus, qu'en employant, comme solution saline, de l'azotate de potasse, il fallait une force électrique beaucoup moindre qu'avec le chlorure de sodium ou d'autres sels, pour produire les effets lumineux et la dévitrification.

Ces observations nous ont conduit à appliquer le courant électrique à la gravure sur verre ou sur cristal ([1]).

162. On recouvre la surface d'une lame de verre ou d'une plaque de cristal avec une solution concentrée de

---

[1] *Comptes rendus*, t. LXXXV, 1877, p. 1232.

nitrate de potasse, en versant simplement le liquide sur la plaque posée horizontalement dans une cuvette peu profonde. D'autre part, on fait plonger, dans la couche liquide qui recouvre le verre, et le long des bords de la lame, un fil de platine horizontal communiquant avec les pôles d'une batterie secondaire de 5o à 6o éléments; puis, tenant à la main l'autre électrode formée d'un fil de platine entouré, sauf à son extrémité, d'un étui isolant, on touche le verre

Fig. 71.

recouvert de la couche mince de solution saline, aux points où l'on veut graver des caractères ou un dessin (*fig. 71*).

Un sillon lumineux se produit partout où touche l'électrode, et, quelle que soit la rapidité avec laquelle on écrive ou on dessine, les traits que l'on a faits se trouvent nettement gravés sur le verre. Si l'on écrit ou si l'on dessine lentement, les traits sont gravés profondément; leur largeur dépend du diamètre du fil de platine servant d'électrode; s'il est taillé en pointe, ces traits peuvent être extrèmement déliés.

Le fil métallique conduisant le courant se trouve ainsi transformé en un *burin* particulier pour le verre, et dont le maniement n'exige aucun effort de la part de l'opérateur, malgré la dureté de la substance à entamer; car il suffit de promener légèrement le fil de platine à la surface du verre pour obtenir une gravure ineffaçable.

La force corrodante se trouve fournie par l'action à la fois calorifique et chimique du courant électrique en présence de la dissolution saline ([1]).

L'action chimique du courant électrique, dans ces conditions, est très puissante, quoique s'exerçant sur une matière isolante et simplement à sa surface; elle est même plus efficace pour les substances vitreuses que celle de l'acide fluorhydrique; car nous avons pu graver ainsi des caractères sur une plaque de verre Sidot ([2]) inattaquable par l'acide fluorhydrique.

On peut graver avec l'une ou l'autre électrode; il faut toutefois un courant moins fort pour graver avec l'électrode négative, et la gravure est plus nette.

Bien que ces résultats aient été obtenus en faisant usage de batteries secondaires, il est clair qu'on peut employer, de préférence, pour un travail continu, toute autre source d'électricité, de quantité et de tension suffisantes, soit une pile de Bunsen d'un assez grand nombre d'éléments, soit une machine de Gramme ou même une machine magnéto-électrique à courants alternativement positifs et négatifs.

163. **Sondage ou forage électrique.** — Nous croyons devoir signaler une autre application qu'on pourrait faire

---

([1]) Les figures produites sur le verre par l'électricité statique et les empreintes obtenues par M. Grove avec l'électricité d'induction se rattachent à ces altérations du verre par l'électricité dynamique. Mais comme la quantité d'électricité, fournie par les machines électriques ou les bobines d'induction, est relativement très faible, et qu'il n'y a point d'ailleurs d'effet électrochimique, tel que celui qui se produit ici en présence d'une solution saline, ces figures et ces empreintes sont très difficilement visibles. Elles exigent pour être aperçues un dépôt de rosée ou la buée résultant de l'insufflation, ce qui les a fait désigner sous le nom de figures *roriques*, depuis les recherches de MM. Riess, Peyré, Wartmann, etc.

([2]) Ce verre est un phosphate acide de chaux obtenu dans des conditions particulières, et dont on doit la découverte à M. Sidot, préparateur de chimie au lycée Charlemagne.

des résultats précédents, quelque difficile que sa réalisation puisse paraître au premier abord.

On vient de voir que l'une des électrodes qui conduit un courant électrique d'une certaine tension, étant amenée au contact du verre, en présence d'une solution saline, agissait comme un burin ou un diamant pour tracer des sillons à la surface du verre et le creuser même assez profondément.

Le cristal de roche peut être aussi attaqué, malgré sa dureté, par la même méthode, et s'il ne se grave pas régulièrement, il éclate, du moins, en petits fragments, sous l'influence de l'électrode, et finit par être désagrégé.

Or on emploie aujourd'hui, en Amérique, des diamants noirs pour attaquer les roches dures et exécuter les forages de puits de mines ([1]).

Ne pourrait-on pas remplacer l'emploi de ces diamants, dont le prix est très élevé (et qui se perdent peu à peu en se détachant des pièces auxquelles ils sont fixés), par l'action du courant électrique, dans des conditions analogues à celles qui viennent d'être décrites, et obtenir ainsi la perforation des roches par l'électricité ?

Des électrodes de platine ne seraient pas nécessaires, car ce n'est point ici le métal de l'électrode qui s'altère, mais la matière siliceuse, en présence de la solution saline. Des pointes ou saillies métalliques distribuées convenablement à l'extrémité de la tige forante, isolée sur une portion de sa longueur et animée d'un mouvement de rotation, amèneraient le courant électrique à la surface de la roche qu'il s'agirait de pulvériser et remplaceraient ainsi les nombreux diamants noirs enchâssés ou sertis à l'extrémité de la tige, dans le procédé du sondage au diamant. Les progrès récemment accomplis dans la pro-

---

[1] *Voir* L. Baclé, *Le sondage au diamant* (*La Nature*, 10 août 1878).

duction de l'électricité, par voie mécanique, pourraient faciliter cette application.

164. **Applications diverses.** — Parmi les phénomènes que nous avons décrits dans le chapitre précédent, il en est d'autres, tels que la lumière électrosilicique, qui seraient peut-être aussi susceptibles d'applications.

Si des courants de haute tension ont été nécessaires pour les observer, une fois connus, il devient plus facile de les retrouver ou de les reproduire, soit avec de moindres tensions, soit avec des tensions plus grandes et de moindres quantités d'électricité.

C'est ainsi qu'un certain nombre de ces phénomènes peuvent être entrevus, en quelque sorte, à l'état rudimentaire, avec de fortes bobines d'induction, ou même avec l'électricité statique. Tel est le phénomène de la *gerbe* de globules aqueux, observé avec des courants de haute tension. Un conducteur en relation avec une machine électrique ou avec l'un des pôles d'une bobine d'induction, amené au contact de l'eau, produit une sorte de nuage qu'on pourrait prendre pour de la vapeur, mais que l'observation précédente prouve devoir être de l'eau réduite à un état d'extrême division ou *pulvérisée* par la décharge électrique. De même pour les *perforations cratériformes* (160); en étudiant, à la loupe, les trous faits par le perce-carte de l'électricité statique, on y retrouve à peu près les mêmes caractères que ceux qui sont présentés, d'une manière plus évidente, par l'électricité dynamique à haute tension.

Des applications des phénomènes décrits ci-dessus pourront donc être faites avec les générateurs d'électricité statique ou d'induction, quand il ne sera pas nécessaire d'avoir, en même temps, une grande quantité d'électricité.

QUATRIÈME PARTIE.

ANALOGIES DES EFFETS PRÉCÉDEMMENT DÉCRITS AVEC LES PHÉNOMÈNES NATURELS. — CONSÉQUENCES QUI PEUVENT EN RÉSULTER POUR LA THÉORIE DE CES PHÉNOMÈNES.

CHAPITRE PREMIER.

ANALOGIES AVEC LA FOUDRE GLOBULAIRE.

Sur la nature et le mode de formation de la foudre globulaire. — Observation de quelques cas de foudre globulaire. — Éclairs *en chapelet*.

165. Les phénomènes que nous avons observés avec des courants électriques de haute tension (135-142) présentent des analogies frappantes avec ceux de la foudre globulaire et nous paraissent de nature à faciliter l'explication de cette forme extraordinaire de la foudre [1].

---

[1] « Les éclairs en boule dont nous avons cité tant d'exemples, écrivait Arago (*Notice sur le tonnerre*, p. 219), et qui sont si remarquables, me paraissent aujourd'hui un des phénomènes les plus inexplicables de la physique. »

Page 396, *ibid.* « Il n'est qu'une circonstance dans laquelle le physicien ne sait pas engendrer ce que la nature produit avec tant de facilité; il ne sait pas donner naissance au tonnerre en boule; il ne sait pas produire ces agglomérations sphériques de matière, lesquelles se meuvent avec lenteur, sans perdre la propriété de fulminer les corps. Il y a, à ce sujet, dans la science, une lacune qu'il serait très important de combler. »

Nous avons vu, en effet, que la matière pondérable tendait à prendre la forme globulaire, sous l'influence d'une source puissante d'électricité dynamique. Nous avons constaté d'abord cette propriété sur les liquides et observé des globules liquides lumineux (135) (*fig.* 39). En augmentant la tension, nous avons obtenu, même au sein de l'air, mélangé de vapeur d'eau, de véritables *globules de feu* (138) (*fig.* 42 à 47).

Nous sommes donc conduit naturellement à penser que la foudre globulaire doit être produite par un flux d'électricité à l'état dynamique dans lequel la quantité est jointe à la tension.

Aussi, est-ce dans les grands orages, lorsque l'électricité est très abondante dans l'atmosphère, et que ses décharges peuvent constituer une sorte de puissant courant électrique à très haute tension, que la foudre se présente sous la forme *globulaire*, au lieu d'affecter la forme simplement linéaire, analogue à celle des étincelles des machines de l'électricité statique, comme cela a lieu dans les orages de moindre intensité.

166. La nature des globules fulminants doit être vraisemblablement la même que celles des étincelles globulaires produites dans nos expériences.

Ces globes doivent être formés, selon nous, *d'air raréfié incandescent et des gaz résultant de la décomposition de la vapeur d'eau, également à l'état de raréfaction et d'incandescence.*

L'eau est, en effet, non seulement vaporisée, mais décomposée, comme on l'a vu plus haut (154), à l'extrémité d'un même pôle, par suite de la température très élevée que développe un courant électrique de haute tension.

167. Bien qu'une surface aqueuse ne soit pas indispensable pour la formation des globules électriques lumi-

neux, puisque nous en avons obtenu au-dessus d'une surface métallique (140), la présence de l'eau ou de la vapeur d'eau facilite du moins leur formation, ou tend à leur donner plus de volume, en raison de la présence des gaz que fournit la dissociation de l'eau à haute température.

Nous avons observé plus d'une fois, dans nos expériences, quand toute la décharge était consacrée à produire un seul phénomène, des flammes électriques, en forme de sphère aplatie ou de calotte sphérique, qui couvraient toute la surface du petit vase plein d'eau (1) sur laquelle venait déboucher le courant de haute tension.

Aussi l'air humide semble-t-il plus favorable à la production des globules fulminants et on les a vus souvent apparaître, soit sur un sol inondé, à la suite d'une pluie abondante (2), soit dans une atmosphère saturée d'humidité. Nous en citerons plus loin (186-188) de nouveaux exemples.

168. Ce n'est pas que nous considérions les globes fulminants comme renfermant un mélange détonant formé

---

(1) Ce vase avait environ 4cm de diamètre.

(2) Voir ARAGO, Notice sur le tonnerre, p. 46.

« A Massa-Carara, le 10 septembre 1713, pendant un orage et une pluie en quelque sorte diluviale, Maffei et le marquis de Malaspina virent subitement apparaître, à la surface du pavé, un feu très vif, d'une lumière en partie blanche et en partie azurée...; ce feu semblait fortement agité, mais sans mouvement progressif; il se dissipa tout à coup, mais après avoir acquis un grand volume. »

— Ibid., p. 50 (Observation faite à Trieste, en 1841, et adressée par M. Butti à Arago)... « le tonnerre éclatait de temps en temps avec un bruit épouvantable. La rue était déserte, car la pluie tombait à verse et la voie publique était convertie en un torrent... la première chose qui frappa mes yeux fut un globe de feu qui marchait au milieu de la rue.... Pour donner une idée de la grandeur de ce globe igné, de sa couleur, je ne puis que le comparer à la lune...; mais on ne voyait pas de contours précis dans le météore; il semblait enveloppé dans une atmosphère de lumière dont on ne pouvait pas marquer la limite précise ».

par les gaz dissociés de la vapeur d'eau, et comme devant
à cette cause le bruit qui accompagne souvent leur apparition, bruit sur lequel nous reviendrons plus loin (179).
Ces gaz sont ici tellement raréfiés qu'ils ne pourraient
produire d'explosion; ils sont, de plus, à l'état d'incandescence, et, par suite, dans des conditions tout à fait
différentes de celles d'un mélange explosif, produit à froid,
qui serait ensuite enflammé subitement.

169. Le mode de formation des globules fulminants
s'explique de la même manière que celle des globules
de feu obtenus dans les expériences décrites précédemment (137).

L'agglomération sphérique de la matière soumise à
l'action d'un puissant flux électrique résulte, comme nous
l'avons dit, de l'aspiration ou du vide produit par le passage
même du courant.

Chacun de ces globes est une sorte d'*œuf électrique*, sans
enveloppe de verre, une *aigrette voltaïque* (139), que le
milieu environnant tend sans cesse à remplir; mais l'abondance du flux électrique raréfie la matière à mesure qu'elle
afflue dans le milieu électrisé ([1]).

170. L'éclat de ces globes qui est quelquefois très
vif, comme l'ont remarqué divers observateurs ([2]) (188),
s'explique par la grande quantité de l'électricité en jeu
lors de leur manifestation.

La lumière produite dans l'œuf électrique des cabinets
de physique est faible, parce que la quantité d'électricité

([1]) Les aigrettes quelquefois sphériques de l'électricité statique,
les étincelles observées par M. du Moncel avec la bobine d'induction,
terminées souvent par une *boule de feu rouge* (*Notice sur l'appareil
d'induction de Ruhmkorff*, p. 143) se rattachent au même ordre de
phénomènes.

([2]) Arago, *Notice sur le tonnerre*, p. 43 et 46.

de tension qui les traverse est très minime. Mais on sait que, dans les parties rétrécies des tubes à gaz raréfiés, cette lumière est beaucoup plus vive et qu'elle a d'autant plus d'éclat que la machine électrique, ou l'appareil d'induction que l'on emploie, peut fournir une plus grande quantité d'électricité.

On peut compter aussi parmi les causes de la vivacité de la lumière émise quelquefois par les globes fulminants l'incandescence des particules cosmiques de l'atmosphère, qui, bien qu'en quantité très minime, ajoutent leur éclat à celui de l'air et des gaz de la vapeur d'eau raréfiés et incandescents.

Ces particules cosmiques contiennent, en effet, outre les matières organiques, des matières minérales telles que le fer, la silice, la chaux, etc. ([1]), substances douées d'un grand pouvoir d'irradiation, à une haute température. On a vu d'ailleurs plus haut (155) les effets lumineux qui résultent, en particulier, de l'incandescence de la silice sous l'action de l'électricité. (Lumière électrosilicique.)

171. La couleur des globes fulminants, qui est très variée, comme celle des éclairs ordinaires, dépend, suivant nous, des conditions hygrométriques de l'atmosphère, et aussi de la quantité d'électricité en jeu.

Si la vapeur d'eau est très abondante, l'hydrogène provenant de sa dissociation domine, et le globe tend à avoir une couleur rouge, puisque c'est la couleur plus particulièrement propre à l'hydrogène raréfié traversé par un fort courant.

Si, d'autre part, le flux électrique est relativement moins abondant, la raréfaction et la dissociation sont moins complètes sur son parcours, et la couleur tend vers le bleu violacé propre à l'air raréfié.

[1] Gaston Tissandier, *Les poussières de l'air*, Paris, 1877, p. 12.

Les nuances intermédiaires s'expliqueraient par les proportions variables entre les gaz raréfiés de l'air et de la vapeur d'eau.

172. L'odeur particulière qui accompagne la chute des globes de feu et même de la foudre ordinaire peut s'expliquer encore par la combustion des parcelles cosmiques, jointe à celle de la matière même frappée directement par la décharge sur le point où elle atteint le sol. On conçoit que dans le long parcours d'un éclair ou la traversée d'une colonne d'air par le flux électrique, les parcelles cosmiques rencontrées soient en assez grand nombre pour donner une odeur sensible par leur combustion.

L'ozone et les produits nitreux formés par la combinaison des éléments de l'air y contribuent aussi, sans doute, pour une certaine part.

173. Le bruissement qui accompagne l'apparition des globes fulminants et que l'on retrouve dans l'expérience décrite plus haut (135) provient de la vaporisation rapide que développe le flux électrique.

Nous ajouterons que, pendant la décharge produite, en particulier, par l'électrode positive au-dessus de l'eau distillée (140), on entend comme un bruit de souffle très marqué, dû évidemment à la vaporisation de l'eau qui s'échauffe, sous l'action de la flamme émanant de cette électrode, bien plus fortement que sous l'action de l'électrode négative.

174. Ces considérations, jointes à celle du sens positif ordinaire de l'électricité atmosphérique, nous portent à penser que le signe électrique des globes fulminants, qui résultent de l'écoulement direct de l'électricité des nuages, doit être *positif*, tandis que celui des feux Saint-Elme, des aigrettes, colonnes lumineuses (189), et autres effets électriques produits par l'influence doit être *négatif*.

175. Le mouvement gyratoire que l'on a observé quelquefois dans les globes fulminants doit résulter simplement de la réaction due à l'écoulement du flux électrique, de même que le mouvement gyratoire des globules liquides (136) ou des filets lumineux composant les flammes ovoïdes (138) formées à la surface du voltamètre.

176. La foudre globulaire se présente, soit sous la forme d'une simple chute de boules de feu plus ou moins nombreuses, qui disparaissent immédiatement, soit sous la forme d'un globe unique qui se meut avec lenteur, et reste quelquefois longtemps visible.

Dans le premier cas, les globes de feu nous paraissent devoir leur origine à des éclairs d'un genre particulier que nous décrirons plus loin, sous le nom d'*éclairs en chapelet* (188), et dont nous expliquerons la formation.

Ce sont des éclairs produits par l'écoulement d'une plus grande quantité d'électricité que celle des éclairs ordinaires, et qui entraîne la production de ventres ou d'agglomérations sphériques de matière raréfiée électrisée sur leur parcours.

177. Le second cas, consistant dans la marche lente d'un globe fulminant, peut se produire, selon nous, de deux manières différentes.

On a vu plus haut (141) que les globules de feu, obtenus au-dessus de l'eau ou même au-dessus d'une surface conductrice quelconque à l'aide d'un courant électrique de haute tension, suivaient naturellement les mouvements de l'électrode à l'extrémité de laquelle ils se produisent; que, si l'on opérait dans l'obscurité, ou si l'on masquait par un écran le fil servant d'électrode et oscillant comme un pendule, on ne voyait plus qu'un globule de feu en mouvement au-dessus de la surface conductrice.

De même, dans la nature, si un nuage orageux, chargé

d'une grande quantité d'électricité, vient à passer à une faible hauteur au-dessus du sol, il peut se former *une colonne ou trombe d'air humide fortement électrisée et invisible qui sert d'électrode*, et produit l'écoulement du courant électrique sous forme d'un globe de feu qui apparaît à son extrémité. Cette colonne étant essentiellement mobile, le globe de feu en suivra naturellement tous les mouvements.

178. Mais la marche lente des globes fulminants peut se produire aussi, d'une autre manière, alors même qu'il n'y aurait pas déplacement d'une colonne d'air humide électrisée.

Nous avons montré, par l'expérience de *l'étincelle électrique ambulante* (152) (*fig.* 48), comment, dans certaines conditions, une étincelle globulaire pouvait se mouvoir spontanément d'une manière assez lente pour qu'on pût assister au développement successif de ses capricieuses sinuosités. Il suffisait de déterminer la production d'une étincelle d'*électricité dynamique à haute tension* entre les deux armatures d'un condensateur dont la lame isolante très mince pouvait être facilement percée, ou présentait d'avance quelque fissure. L'étincelle, au lieu d'avoir une durée instantanée, cheminait alors en brûlant devant elle la matière même du condensateur et s'agrégeant en un globule de feu.

On peut donc admettre qu'il se forme de même dans l'atmosphère, sur le point où apparaît la foudre globulaire, les éléments d'un condensateur, dans lequel une couche ou colonne d'air humide fortement électrisée joue le rôle de l'armature supérieure, le sol celui de l'armature inférieure, et la couche d'air interposée celui de la lame isolante ([1]).

---

[1] L'intervention d'une bande d'air isolante, dans la production du phénomène, avait été, du reste, déjà admise par M. du Moncel : « La marche lente du globe de feu, dit M. du Moncel, ne serait que le résultat

Cette couche d'air isolante étant traversée par le flux électrique, l'écoulement se produit, sous la forme globulaire, entre le sol et la colonne ou couche humide électrisée formant l'armature supérieure. Quand la base de cette colonne offre une certaine étendue, comme cela arrive, si elle forme une portion même de la nuée électrisée descendue très près du sol, le globe de feu reste en communication avec cette armature, sans qu'elle se déplace, et continue seul sa marche en traversant la couche d'air isolante, d'une manière irrégulière, suivant les variations d'épaisseur ou de résistance qu'elle présente, de même que, dans notre expérience, le petit globule de feu chemine entre l'armature supérieure et l'armature inférieure du condensateur, sans le déplacement des électrodes ni des armatures.

Dans l'expérience que nous rappelons, l'étincelle est, il est vrai, un globule de matière solide en fusion; mais les autres exemples que nous avons cités permettent de supposer que des sphéroïdes de gaz incandescents présenteraient les mêmes phénomènes.

On pourrait objecter aussi à ces comparaisons que les globes de feu naturels ne se produisent point, à l'extrémité d'électrodes métalliques. Mais on admet aujourd'hui l'identité de la foudre et des étincelles des machines électriques, bien que ces étincelles partent de conducteurs métalliques, et les amas de vapeur d'eau qui forment les nuages électrisés sont considérés comme des conducteurs analogues. Il est donc permis d'assimiler de même à une électrode métallique conduisant un courant de haute tension une colonne d'air humide par laquelle l'électricité des nuages orageux descend quelquefois jusque près de la surface du sol.

---

des variations dans la direction de cette bande isolante ou du courant d'air qui l'aurait motivée, variations qui déplaceraient le point où l'écoulement du fluide électrique se manifesterait à l'état lumineux » (*Notice sur le tonnerre et les éclairs*, Paris, 1857, p. 51).

179. On peut s'expliquer également, par les considérations qui précèdent, comment les globes fulminants disparaissent quelquefois sans bruit, ou sont accompagnés, dans d'autres cas, du bruit du tonnerre.

Quand l'épaisseur de la couche d'air isolante qui sépare la couche nuageuse électrisée de la surface du sol devient trop grande, sur le parcours du globe fulminant, et quand, d'autre part, la quantité d'électricité fournie par la nuée orageuse n'augmente pas, l'écoulement électrique cesse, et la flamme globulaire disparaît sans bruit, de même que le globule de feu produit à la surface du condensateur cesse d'apparaître quand l'épaisseur de la lame isolante devient trop grande.

180. Si, au contraire, l'orage augmentant d'intensité, ou la nuée électrisée se rapprochant plus au sol, de nouvelles quantités d'électricité viennent affluer à la surface de la couche d'air isolante, l'écoulement, au lieu de continuer de se faire d'une manière relativement calme et silencieuse, sous la forme globulaire, s'opère brusquement, sous la forme d'une décharge proprement dite, accompagnée du bruit du tonnerre.

On conçoit alors que, du point même où apparaissait le globe fulminant, partent, dans tous les sens, des traits de foudre sinueux ou en zigzag qui frappent les objets environnants (¹).

181. Mais nous n'entendons point dire par là que le bruit soit dû à l'explosion du globe fulminant lui-même.

(¹) Notre explication sur ce point est presque identique à celle qui a été donnée par M. du Moncel : « L'explosion du globe de feu et les éclairs qu'il lancerait latéralement », dit M. du Moncel, « ne seraient autre chose que la décharge électrique pure et simple, déterminée par les corps conducteurs, interposés dans la bande d'air isolante et à portée desquels se trouverait le météore » (*Notice sur le tonnerre et les éclairs*, p. 51).

Si l'on se reporte aux notions que nous avons données sur leur nature (166), d'après les analogies tirées de nos expériences, on comprend que ce n'est point une petite masse d'air raréfié et lumineux par le passage du flux électrique qui peut éclater avec le bruit du tonnerre et se résoudre en traits foudroyants.

La source du phénomène final est dans le réservoir même d'électricité que renferme la nuée orageuse, et qui se décharge au point où l'écoulement avait commencé sous la forme du globe de feu (¹).

182. Quand la foudre globulaire se manifeste sous la forme d'une chute de globes de feu qui n'apparaissent qu'un instant (176), le bruit du tonnerre accompagne cette chute et ne doit pas être attribué non plus aux globes eux-mêmes, mais à tout l'ensemble de l'éclair *en chapelet* d'où ils dérivent (188) et dont ils constituent des grains détachés.

183. L'intensité exceptionnelle du bruit du tonnerre, mentionnée souvent dans les relations de chute de foudre globulaire, s'explique encore par la *quantité* d'électricité en jeu, toujours plus grande pour la manifestation de ce phénomène que dans les cas ordinaires.

Le volume du flux électrique, si l'on peut s'exprimer ainsi, c'est-à-dire la masse de matière pondérable traversée

---

(¹) Nous avions pensé d'abord, comme plusieurs auteurs ou observateurs, que l'explosion accompagnant la disparition des globes fulminants était due à l'électricité qui y était accumulée; mais nous avons modifié nos idées sur ce point, depuis nos dernières expériences. Il y a, sans doute, accumulation ou agglomération de matière électrisée, puisqu'il y a renflement sphérique de l'espace rendu lumineux par l'écoulement de l'électricité: mais, comme nous l'exposons ci-dessus, c'est l'électricité affluant de toute la nuée qui produit la décharge accompagnée du bruit du tonnerre, et non la faible quantité d'électricité du globe lui-même.

et raréfiée par la décharge, est alors plus grand. De là naturellement un plus grand vide produit.

Mais comment l'électricité produit-elle le vide ? s'est-on demandé pendant longtemps. Nos expériences permettent, croyons-nous, d'y répondre simplement : Par l'action calorifique puissante et instantanée que développe l'électricité et qui vaporise toute matière placée sur son passage.

La plupart des phénomènes que nous avons décrits (135 à 160) ne sont, en effet, que des conséquences de la vaporisation produite, sur des liquides ou des surfaces humides, par un flux électrique réunissant à la fois la quantité et la tension.

184. On s'explique comment les paratonnerres ont été souvent inefficaces dans les cas de foudre globulaire, en considérant que l'apparition d'un globe fulminant révèle un commencement d'écoulement abondant et continu de l'électricité de la nuée orageuse en un *point d'élection* particulier, et que la simple action d'*influence* exercée par le voisinage d'un paratonnerre ne saurait arrêter cet écoulement une fois déterminé.

Si ces globes à mouvements lents paraissent inoffensifs par eux-mêmes, puisque des observateurs, auprès desquels ils se sont pour ainsi dire promenés, n'en ont reçu aucune atteinte, ils n'en sont pas moins la source de grands dangers ; car ils représentent soit l'extrémité même d'une électrode nuageuse, soit ce point d'élection où elle exerce sa plus grande influence, et ils annoncent une tendance à une décharge imminente d'autant plus destructive qu'il y a une plus grande *quantité* d'électricité en jeu.

On ne saurait donc trop multiplier les directions dans lesquelles peut agir un paratonnerre pour prévenir la formation de ce point particulier d'écoulement d'un flux abondant d'électricité.

Les paratonnerres à pointes multiples de MM. Melsens

et Perrot nous paraissent tout à fait indiqués dans ce cas, et préférables à des paratonnerres à pointe unique d'une grande hauteur.

Quelques-unes des expériences que nous avons décrites, telles que l'étincelle en forme de corbeille à pointes de flammes produite au-dessous d'une électrode positive amenant un courant de forte tension à la surface d'un liquide (143) (*fig.* 5o), les perforations produites sur une matière organique humide avec formation de cratères bordés de filaments redressés et divergents autour du point frappé par la décharge (160) (*fig.* 68), indiquent la forme que l'électricité négative semble choisir de préférence pour aller en quelque sorte à la rencontre de l'électricité positive et la neutraliser.

Ces expériences militent donc en faveur de la disposition en corbeille de pointes adoptée par M. Melsens pour les paratonnerres de l'Hôtel de Ville de Bruxelles et appuient particulièrement les vues du savant belge à ce sujet ([1]).

185. La dernière expérience que nous venons de rappeler (160) (*fig.* 68) offre en outre une image frappante des effets de dessiccation produits par la foudre sur les végétaux, de leur division en lattes, en lanières ou en brins innombrables; elle explique leur arrachement, leur soulèvement, et les effets d'aspiration qui accompagnent souvent les décharges de l'électricité atmosphérique.

186. Cas de foudre globulaire à Paris, en 1876. — Les explications qui précèdent paraissent s'accorder, d'une manière satisfaisante, avec les faits que nous avons eu l'occasion de recueillir ou d'observer nous-même sur la foudre globulaire ([2]).

([1]) MELSENS, *Des paratonnerres à pointes, à conducteurs et à raccordements terrestres multiples*, Bruxelles, Hayez, 1877.

([2]) *Comptes rendus*, t. LXXXIII, 31 juillet et 21 août 1876, p. 321 et 484; *La Nature*, 4e et 5e années, 3o septembre et 28 octobre 1876; 7 avril 1877.

Les conditions indiquées plus haut (165-167) comme étant favorables à la manifestation du phénomène, c'est-à-dire la présence d'une grande quantité d'électricité dans l'atmosphère, constituant, par la fréquence ou la continuité de ses décharges, une sorte de flux dynamique, jointe à la production d'une pluie abondante saturant l'air de vapeur d'eau, se sont trouvées réalisées, lors de deux violents orages qui éclatèrent à Paris, le 24 juillet et le 18 août 1876.

Aussi la chute de la foudre fut-elle constatée, sur plusieurs points, sous la forme globulaire.

Le 24 juillet, entre $3^h 30^m$ et 4^h de l'après-midi, une pluie torrentielle mêlée de grosse grêle, et accompagnée d'éclairs et de tonnerre, s'abattit sur la place de la Bastille, que nous traversions en ce moment. Le vent étant relativement faible, la nuée orageuse se maintint presque fixe pendant quelques minutes; les décharges étaient incessantes, et plusieurs coups de tonnerre succédant aux éclairs sans intervalle appréciable annoncèrent que la foudre était tombée plusieurs fois dans le voisinage.

Nous étant livré aussitôt à une enquête, nous apprîmes que le météore venait de tomber trois fois de suite presque au même point, sur le théâtre Beaumarchais, dans la cour et dans le jardin de la maison n° 28 de la rue des Tournelles, connue au Marais sous le nom de l'Hôtel de Ninon de Lenclos.

Le régisseur du théâtre, qui se trouvait dans le magasin des costumes, petit pavillon situé à la partie supérieure de l'édifice, avait vu tomber une *bombe de feu* de la grosseur du poing.

Dans la rue des Tournelles, un ouvrier demeurant au quatrième étage avait aperçu un *globe de feu*, de la grosseur d'un boulet de canon, passer au bord du toit près d'un pot de fleurs, en ne brisant qu'une tige, et tomber dans la cour. Au même instant, un autre ouvrier placé au rez-de-chaussée observait trois petites *boules de feu* au-dessus du sol de la même cour, qui était alors complètement inondée.

De son côté, M. Languereau, fabricant de bronzes, voyait tomber dans son jardin deux ou trois parcelles incandescentes, sans contours nettement définis, et se noyer, suivant son expression, dans le jardin transformé en un vaste bassin par l'abondance de l'eau tombée comme une véritable *trombe* ([1]).

187. Ces parcelles incandescentes ne devaient pas être formées, selon nous, de matière en ignition, mais particulièrement d'air raréfié et des gaz de la vapeur d'eau lumineux, de même que les globes eux-mêmes, et les flammes électriques produites dans nos expériences ([2]).

Cependant, de même qu'on trouve des grêlons renfermant, à leur intérieur, des noyaux de matière organique ou minérale, il peut se trouver aussi, dans ce genre de parcelles lumineuses, quelques corpuscules cosmiques empruntés à l'atmosphère.

188. **Éclairs en chapelet.** — L'orage du 18 août 1876 a été plus remarquable encore que le précédent par l'intensité des phénomènes électriques. Il survint à la suite d'une longue période de fortes chaleurs et de sécheresse, et fut accompagné d'une pluie torrentielle. Cet orage, dont nous suivîmes attentivement les diverses phases, d'un des points les plus élevés des environs de Paris, des hauteurs de Meudon, où nous nous trouvions à cette époque de l'année,

---

([1]) Les dégâts matériels furent insignifiants, comme on pouvait s'y attendre en raison même de la chute de cette colonne d'eau qui a pu conduire facilement la majeure partie du flux électrique jusqu'au sol. Un fragment de la toiture en zinc du théâtre, soulevé et lancé sur la maison voisine, le gaz enflammé à l'extrémité d'un tuyau de plomb, et quelques commotions ressenties par les diverses personnes témoins du phénomène, tels sont les seuls accidents qui furent constatés.

([2]) Nous avons eu, en effet, l'occasion d'observer souvent que la moindre cause, telle qu'un souffle ou un courant d'air, suffisait pour modifier la forme sphérique et altérer les contours de ces flammes.

nous fournit l'occasion d'observer un genre d'éclair très rare qui n'était point encore classé en météorologie et qui nous a paru de nature à jeter un nouveau jour sur la formation de la foudre globulaire.

L'orage se déclara, vers 6ʰ du matin, aux environs de Paris. Une vaste nuée obscurcit le ciel et donna naissance à une série d'éclairs de grande longueur et de formes très variées : quelques-uns étaient bifurqués, d'autres présentaient des courbes à point multiple ou des contours fermés. L'un d'eux, replié sur lui-même, présenta une forme exactement semblable à celle de la courbe connue sous le nom de *folium* de Descartes.

Ces éclairs paraissaient, en général, composés de *points brillants*, semblables aux sillons de feu produits sur une surface humide par un courant électrique de haute tension.

Vers 7ʰ du matin, au moment où l'orage commençait à s'étendre sur Paris, un éclair remarquable entre tous s'élança de la nue vers le sol en décrivant une courbe semblable à un S allongé, et resta visible pendant un instant appréciable, en formant *un chapelet de grains brillants*, disséminés le long d'un filet lumineux très étroit (*fig.* 72).

Cet éclair nous sembla frapper Paris dans la direction de Vaugirard. Les journaux publièrent, en effet, que la foudre était tombée à Vaugirard, à Grenelle, etc., et, de plus, qu'elle avait été vue sous la forme ovoïde ou globulaire ([1]).

([1]) Nous extrayons des journaux publiés à Paris, le samedi 19 août 1876, les passages suivants :

« L'orage tant attendu est enfin arrivé. Vers minuit, les éclairs ont commencé à sillonner la nue, sans bruit, mais augmentant d'intensité de minute en minute. Vers 4ʰ du matin, ils se succédaient sans interruption, comme les fusées d'un feu d'artifice.

» On a remarqué que les coups de tonnerre étaient différents du

Il est probable que la chute de la foudre avait dû se produire simultanément sur divers points, et qu'elle s'était divisée en plusieurs branches ou en plusieurs *grains* dans le

Fig. 72.

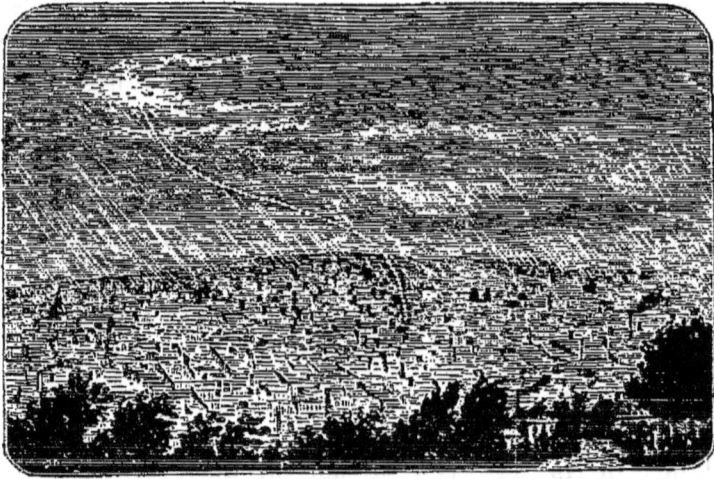

voisinage du sol; car nous n'avions vu qu'un seul éclair atteindre la terre dans cette direction.

---

grondement habituel. Ce n'était point le crépitement classique, mais une série de coups secs comme une canonnade....

» Le tonnerre est tombé en plusieurs endroits et a produit d'assez curieux phénomènes.

» Ainsi, au boulevard de Vaugirard, 259, le fluide électrique est entré par la cheminée, a traversé une chambre habitée par une domestique qui, heureusement, était absente, et après avoir communiqué le feu à un sac de linge, il est sorti de la chambre en brisant deux carreaux.

» ...*Presque au même instant*, la foudre frappait la maison n° 99, rue d'Assas. Le fluide, *sous forme ovoïde*, a démoli le pignon ouest de la maison et l'a projeté à une grande distance dans les jardins environnants. Les éclats de pierre de la corniche, en retombant sur le balcon du cinquième étage, faisaient jaillir des milliers d'étincelles. Le zinc dont était garni le pignon a été découpé comme à l'emporte-pièce. »

La pluie était très abondante, en sorte que l'air traversé par la décharge devait être entièrement saturé de vapeur d'eau.

La foudre tomba encore, pendant cet orage, sous la forme globulaire ([1]), sur une maison portant le n° 35 de la rue de Lyon. Ce fait fut mentionné également par tous les journaux ([2]), et nous nous assurâmes, par une enquête, qu'il était exact.

Entre autres témoins, un élève de la pharmacie placée au rez-de-chaussée de cette maison nous déclara avoir vu tomber, à quelques mètres de distance et au même instant, deux *globes de feu* d'un éclat tel qu'il en fut ébloui, et qui disparurent en atteignant le sol.

Bien que nous n'ayons pas vu, de Meudon, l'éclair qui a frappé ce point de Paris, à cause du rideau de pluie qui nous le cachait, l'observation de l'éclair *en chapelet* qui était tombé à Vaugirard permet de penser que celui de la rue de Lyon devait être de la même nature. Du reste, ceux qui se produisaient au sein des nues présentaient, ainsi que nous l'avons mentionné, l'apparence de séries de points brillants plutôt que celle de traits lumineux uniformes.

189. La quantité d'électricité répandue dans l'atmosphère était si grande, pendant cet orage, que des effets

---

([1]) « Il est vraisemblable, dit M. H. de Parville, que le phénomène du tonnerre en boule se produit plus souvent qu'on ne le pense; il aura échappé jusqu'ici aux observateurs non prévenus. Ainsi, d'après M. Alluard, directeur de l'Observatoire du Puy de Dôme, il n'est pas rare de voir, par un temps d'orage, des quantités de petites boules de feu rebondir sur le versant de la montagne. »

([2]) Nous extrayons encore ce passage : « L'orage qui a éclaté hier 18 août, sur Paris, a été accompagné, par moments, d'une pluie torrentielle.... Rue de Lyon, n° 35, la foudre a paru sous la forme d'un *globe lumineux*. Le tonnerre est tombé également dans la cour d'une usine, 7, rue Jules-César (à quelques pas du n° 35 de la rue de Lyon).

d'influence très curieux, analogues aux aigrettes et aux feux Saint-Elme, furent observés par M. Trécul, dans le quartier même visité par la foudre ([1]).

190. Ce genre d'éclair nous a paru constituer un phénomène *indicatif* ([2]) montrant la transition de la forme ordinaire de la foudre en traits sinueux ou rectilignes à la forme globulaire. On conçoit, en effet, que les grains de l'éclair puissent acquérir un certain volume et donner naissance à des globes de feu.

Nous avons donc conclu de cette observation que les globes fulminants qui tombent en plus ou moins grand nombre, accompagnés du bruit du tonnerre, et qui disparaissent immédiatement, pouvaient être considérés comme dérivant d'un *éclair en chapelet*.

191. Cette formation de grains lumineux, alternant avec des traits de feu, doit être une conséquence de l'écoulement du flux électrique au travers d'un milieu pondérable et peut être comparée soit au chapelet de globules incandescents que présente un long fil métallique fondu

---

([1]) « Pendant l'orage qui survint dans la matinée du 18 août, dit M. Trécul, j'étais occupé, entre 7ʰ et 8ʰ, à écrire devant ma fenêtre ouverte. De grands éclats du tonnerre, qui semblait tomber dans le voisinage, eurent lieu à plusieurs reprises. Durant les plus rapprochés, ou à peu près en même temps qu'eux, de petites colonnes lumineuses descendirent obliquement jusque sur mon papier. La longueur de l'une d'elles était d'environ 2ᵐ.... leur apparence était celle d'un gaz enflammé à contours mal définis.... Aucune détonation n'eut lieu; seulement, près de s'éteindre, elles quittaient le papier avec un faible bruissement... » (*Comptes rendus*, t. LXXXIII, 21 août 1876, p. 478).

([2]) « La forme est bien plus évidente et manifeste dans certains faits que dans d'autres; ces faits privilégiés sont ceux où la nature de la forme se trouve moins gênée et contrainte par d'autres natures ou confondues avec elles. Nous appelons ces faits : *faits éclatants et indicatifs* » (BACON, *Novum organum*, lib. II, § 20).

par un courant voltaïque, et dont les extrémités restent un instant suspendues en fusion aux pôles de la pile (99) (*fig.* 23), soit encore aux *renflements* résultant de l'écoulement de toute veine liquide.

De telles agglomérations de matière électrisée et lumineuse doivent être naturellement plus lentes à se dissiper que le trait lui-même qui les relie, et ainsi s'explique la persistance de l'éclair observé.

192. Cette observation s'est trouvée concorder avec une autre du même genre, citée par M. du Moncel, dans la description d'une série d'éclairs à sillon persistant. Pendant un orage à Londres, dans la nuit du 19 au 20 juin 1857, on remarqua plusieurs éclairs « qui persistaient pendant quelques instants, et ne disparaissaient qu'après s'être comme fondus *en lumière granulaire* » [1].

193. Nous avons donc été conduit ainsi à proposer de réunir ces exemples d'éclairs d'un caractère particulier et de les classer, sous le nom d'*éclairs en chapelet*, parmi les phénomènes météorologiques [2].

194. Depuis lors, plusieurs témoignages sont venus confirmer la réalité de l'existence de ce genre d'éclairs.

Dans une Communication adressée à l'Académie des Sciences, le 20 novembre 1876, M. E. Renou écrit que notre observation lui a rappelé un cas tout semblable dont il avait été témoin il y a longtemps.

« Pendant un violent orage qui se déclara dans la soirée du 20 juillet 1859, aux ponts de Braye, commune de Sougé, à la limite des départements de la Sarthe et de Loir-et-Cher, la foudre, dit M. E. Renou, me parut tomber sur des peupliers d'Italie, situés au bord de la Braye, à 200 ou 250m du lieu où je me trouvais; la foudre traça

---

[1] Comte du Moncel, *Notice sur le tonnerre et les éclairs*, p. 54.
[2] *Comptes rendus*, t. LXXXIII, 21 août 1876, p. 484.

un sillon vertical, mais un peu sinueux, formé de boules presque tangentes, absolument comme un chapelet, et d'un éclat excessif ([1]). »

M. Renou a apporté, en outre, un nouvel argument à l'appui de l'explication que nous avons donnée de l'origine des globules fulminants en comparant le diamètre que lui ont paru avoir, à une distance déterminée, les grains de l'éclair en chapelet avec celui qu'ont ordinairement les globes fulminants vus de très près par quelques observateurs.

« Cette apparition, dit M. Renou, a été instantanée; mais, d'après l'impression qu'elle m'a laissée, j'ai évalué le diamètre des boules à la dixième partie du diamètre du Soleil; un angle de 3′ à 200 ou 250^m donnerait à ces sphères un diamètre de 0^m,20; c'est le diamètre qu'on a attribué à ces globes de feu qu'on a vus plusieurs fois traverser lentement des intérieurs d'appartement, sans atteindre les personnes présentes. »

195. Le R. P. Van Tricht ([2]) relate que, pendant un violent orage accompagné de grêle, qui eut lieu à Namur le 24 juillet 1877, et qui fut considéré comme le plus fort du mois, un de ses collègues, observant avec lui, « a fort distinctement aperçu un de ces *éclairs en chapelet* dont il a été question dans les *Comptes rendus* de l'Académie des Sciences de Paris ».

196. D'un autre côté, M. Daguin, professeur à la Faculté des Sciences de Toulouse, nous a écrit dernièrement :

« En confirmation de la forme en *chapelet* dont vous citez des exemples, je puis vous dire avoir observé un éclair de cette structure allant des nuages vers la terre. J'étais alors à l'Observatoire de Toulouse, et j'avais mis ce cas au nombre des figures bizarres et très variées que présentent souvent les éclairs vus d'une station élevée. »

([1]) *Comptes rendus*, t. LXXXIII, 20 novembre 1876, p. 1002.
([2]) A. Lancaster, *Étude des orages en Belgique* (*Annuaire de l'Observatoire royal de Bruxelles*, 1878, p. 279).

197. D'autres exemples d'éclairs analogues ont été
publiés plus récemment en Angleterre :

« Dans la soirée du 16 août 1877, écrit M. B. Joule (¹), un violent
orage eut lieu à Southport.... Parmi les plus brillants éclairs que
j'observai, l'un d'eux présenta une apparence dont je n'avais jamais

Fig. 73.

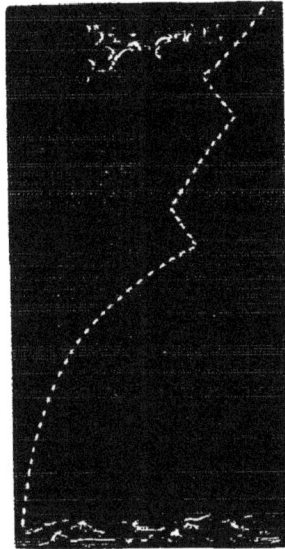

été témoin auparavant. Depuis son point de départ des nuages jusqu'à
sa chute dans la mer, il semblait formé de petits fragments détachés
qui lui donnaient l'aspect figuré ci-dessus (fig. 73). »

198. Cette dernière observation a été elle-même appuyée
par une autre publiée dans le même recueil (²) :

« Je puis confirmer, écrit M. E. J. Lawrence, ce fait que les éclairs
peuvent présenter quelquefois la forme ponctuée.... Il y a environ

---

(¹) *Sur un éclair remarquable*; Note lue par M. B. St. J. B. Joule à
la Société de Physique, etc. de Manchester (*Nature*, recueil anglais,
t. XIII, 4 juillet 1878, p. 260).

(²) E. J. LAWRENCE, *Forme remarquable d'éclair* (*Nature*, t. XVIII,
11 juillet 1878, p. 278).

quarante ans, pendant un orage accompagné d'une pluie abondante, dont je fus témoin à Ampton (Suffolk), les éclairs se succédaient, d'une manière incessante, pendant plus d'une demi-heure, et le quart environ (autant que je puis m'en souvenir) présenta cette apparence exceptionnelle. Depuis cette époque, j'ai souvent cherché à la retrouver, mais je ne l'observai de nouveau qu'une seule fois, et encore n'y eut-il qu'un éclair de cette espèce parmi un grand nombre. Dans l'une et l'autre occasion, ces éclairs *ponctués* étaient d'un éclat éblouissant et présentaient la forme de courbes sinueuses sans angles vifs; l'une entre autres présenta celle d'un 8 presque parfait. »

199. La réalité de l'existence des *éclairs en chapelet* ou simplement *ponctués* (quand ils sont vus à une plus grande distance) nous paraît donc démontrée par les faits qui précèdent, et permet d'en former une classe particulière sur laquelle nous appelons l'attention des observateurs.

Il serait en outre intéressant, dans le cas où l'on observerait des éclairs de cette nature, de constater s'ils ont été suivis de la chute de la foudre sous la forme globulaire; ce qui confirmerait les vues que nous venons d'exposer.

CHAPITRE II.

200. Les effets mécaniques et calorifiques produits, sur des masses aqueuses ou des surfaces humides, par des décharges d'électricité dynamique de haute tension (143 à 145) peuvent jeter un jour nouveau sur le mode de formation de la grêle ([1]).

Le phénomène de la *gerbe de globules aqueux* (*fig.* 49 et 50) (143) qui jaillit, lorsqu'un puissant courant électrique vient frapper la surface d'un liquide, montre qu'un effet analogue peut se produire lorsqu'un nuage ou un courant aérien électrisé pénètre dans une autre masse nuageuse à l'état naturel ou moins fortement électrisée.

Les nuages ne sont point, il est vrai, des masses liquides proprement dites, mais ceux des régions élevées sont composés, comme on le sait, de très fins et de très légers cristaux de glace, dont la cohésion est moins grande que celle de la glace ordinaire et qui peuvent être considérés comme équivalant à peu près à une masse liquide suspendue dans l'atmosphère. On conçoit donc que les décharges électriques puissent y produire un effet analogue à celui qu'elles produisent sur un liquide et que l'eau de ces cristaux de glace, liquéfiée et pulvérisée sur les points où éclatent les décharges, soit lancée en gerbe de globules, comme dans notre expérience.

([1]) *Comptes rendus*, t. LXXXI, 11 octobre 1875, p. 616, et t. LXXXII, 31 janvier 1876, p. 314.

De plus, en raison de la basse température de l'ensemble du nuage lui-même ou des régions élevées dans lesquelles le phénomène se produit, ces globules peuvent être congelés instantanément et donner naissance à des grêlons (¹).

201. Suivant la plus ou moins grande agrégation ou densité de ces nuages, et selon la quantité d'électricité en jeu, les effets calorifiques ou mécaniques produits par le flux électrique peuvent alterner, se mélanger ou se substituer les uns aux autres, de même que nous avons vu, dans les expériences décrites plus haut, le flux électrique, selon qu'il rencontre une masse aqueuse ou une surface simplement humide, déterminer, soit un effet mécanique tel que la projection de l'eau à l'état liquide, soit un effet calorifique traduit par une abondante production de vapeur (144) (*fig.* 51).

Lorsque les effets calorifiques dominent dans l'action d'un courant électrisé au sein d'une masse nuageuse, l'eau n'est plus alors seulement pulvérisée, mais vaporisée par

---

(¹) Si l'expérience de la *gerbe* était produite, avec une tension plus élevée, sur de l'eau ordinaire, dans une enceinte à très basse température, les gouttelettes projetées seraient évidemment solidifiées, et l'on aurait une reproduction artificielle plus complète du phénomène naturel.

Les difficultés de réalisation de cette expérience étant assez grandes, en raison du volume qu'il faudrait donner à l'enceinte refroidie, nous en avons fait une analogue, en opérant à la température ordinaire, et en prenant une **solution saline concentrée** (nitrate de potasse), chauffée près du point d'ébullition, de manière que les gouttelettes projetées par la décharge électrique puissent se solidifier rapidement par le refroidissement à la température ambiante.

Le courant électrique étant amené à la surface de cette solution contenue dans un vase placé sur un support, élevé de 2^{m} environ au-dessus du sol, pour avoir une certaine hauteur de chute et donner aux gouttelettes le temps de se solidifier, la gerbe s'est produite, et nous avons obtenu ainsi, par voie électrique, une grêle artificielle de nitrate de potasse.

le flux électrique, et cette vapeur, immédiatement condensée
en gouttelettes liquides, au sein du nuage froid, peut donner
encore, dans ce cas, naissance à des grêlons (¹).

202. Nous avons donc été conduit ainsi à considérer
la grêle comme *résultant de la congélation, dans les hautes
et froides régions de l'atmosphère, de l'eau des nuages pulvérisée
et vaporisée par les décharges électriques.*

203. L'intensité des phénomènes électriques que présentent généralement les orages à grêle, pendant lesquels
les éclairs se succèdent d'une manière incessante et forment
comme la décharge continue d'un puissant courant d'électricité dynamique à haute tension, montre l'importance
du rôle que doivent jouer les effets mécaniques et calorifiques dont il s'agit dans la production de la grêle.

Lors des violents orages de grêle qui sévirent, en Suisse
et en France, du 7 au 8 juillet 1875, 8000 à 10 000 éclairs se
succédaient par heure, en formant comme un immense
incendie (²).

(¹) Il semble, au premier abord, qu'une matière aussi divisée que
la vapeur d'eau ne pourrait produire que des grêlons infiniment
petits. Mais il faut considérer qu'avant la congélation, la vapeur passe
nécessairement par la liquéfaction, et que, si elle est produite brusquement et en abondance, elle peut se condenser rapidement en
gouttes d'un certain volume contre les portions froides du nuage, de
même qu'elle se condense en gouttelettes contre la surface interne
du couvercle d'un vase plein d'eau portée à l'ébullition.

(²) D. Colladon, *Sur deux orages de grêle, etc. (Comptes rendus,*
t. LXXXI, p. 104, 446 et 480). « Les phénomènes électriques, dit
M. Colladon, étaient très remarquables sur les parties centrales du
nuage à grêle; les éclairs se succédaient avec une telle rapidité, de
minuit à 1ʰ, que l'on comptait en moyenne 2 à 3 éclairs par seconde,
ce qui ferait 8000 à 10 000 par heure.

» ...Partout où cet orage a passé, on a comparé la lueur de ses

On se représente l'énorme quantité de chaleur et de vapeur d'eau que peut produire, au sein des nuages, un tel torrent d'électricité, quand on voit la quantité de vapeur qui se dégage dans les expériences citées plus haut.

204. Les mouvements violents qui se produisent au milieu des nuages d'où tombe la grêle, la transformation rapide des cirrus en nimbus, appuient aussi cette manière de voir; car les nimbus apparus subitement ne peuvent provenir que de la vaporisation rapide et de l'eau condensée d'une partie des cirrus.

Les déchirures multipliées des nuages à grêle, leurs formes déchiquetées, s'expliquent également bien par l'effet des décharges électriques, si l'on se reporte aux effets que produisent des courants de haute tension sur des matières humides (160).

205. Le vent violent qui accompagne presque toujours les orages à grêle peut être attribué à la raréfaction que produit le courant électrisé vaporisant brusquement les masses humides qu'il rencontre sur son passage et à l'afflux de l'air environnant qui vient combler instantanément le vide formé.

206. Le bruissement qui précède ou accompagne la chute de la grêle est dû à la pénétration du flux électrique dans le nuage et à la pulvérisation ou vaporisation qui en résulte, de même que le bruissement produit par le passage d'un courant de haute tension, dans un liquide ou sur une surface

---

éclairs à celle d'*un immense incendie*, tant la clarté paraissait permanente. »

Pendant un violent orage de grêle qui eut lieu, le 25 juillet 1877, dans les Hautes-Alpes, « ...les éclairs illuminaient le ciel d'une lueur ininterrompue; les détonations se suivaient sans intervalle » (Note de M. Le Capian, *Bulletin de l'Association scientifique de France*, 9 septembre 1877, p. 367).

ḥumide, est dû à la projection en gerbe des globules aqueux ou à l'émission rapide des jets de vapeur (144-157).

207. Les éclairs, avec ou sans tonnerre, qui accompagnent les orages à grêle, proviennent de ce que, dans cette collision entre deux masses humides et d'une grande mobilité de formes, c'est tantôt l'une qui pénètre plus ou moins profondément l'autre, — de même que, dans l'action d'un courant de haute tension à la surface d'un liquide, l'écoulement se produit sous forme de sillons lumineux accompagnés d'un simple bruissement, quand le liquide est rendu fortement négatif par une électrode complètement immergée, tandis que des étincelles bruyantes se produisent, si le liquide étant, au contraire, fortement positif, la décharge a lieu sur l'électrode négative (135-136).

208. On s'explique encore, par les mêmes analogies, comment la grêle peut se produire, sans manifestations électriques apparentes, et devoir néanmoins son origine à la présence de l'électricité.

On obtient, en effet, dans nos expériences, une production de vapeur, même sans phénomènes lumineux, lorsque la quantité d'électricité fournie par le courant de haute tension est faible. De même, il peut y avoir dans l'atmosphère, sans éclairs visibles, sans bruit de tonnerre perceptible, production de vapeur et congélation dans les régions froides, sous forme de petite grêle, lorsqu'il y a une faible quantité d'électricité en jeu.

209. L'intervalle de temps, quelquefois très court, que dure la chute de la grêle sur un même point, s'explique par la courte durée des décharges électriques elles-mêmes [1]

[1] Nous avons pu constater, à Paris, où les orages de grêle n'ont généralement qu'une très courte durée et une intensité relativement faible, des chutes de grêle qui ne duraient pas plus d'une demi-minute à 1 minute et succédaient presque exactement à l'apparition des éclairs et aux coups de tonnerre (en date du 28 mars, du 3 et du 25 mai 1876).

et par le vent violent qui accompagne la nuée orageuse et l'entraîne rapidement sur d'autres points.

210. La chute de la grêle en bandes quelquefois si étroites que, dans un même lieu, dans le même quartier d'une ville, des points séparés l'un de l'autre par une faible distance n'en reçoivent point de traces, alors que la partie médiane seule est frappée ([1]), — s'explique par la vaporisation et la congélation de l'eau autour des sillons mêmes tracés par les éclairs, toujours plus développés en longueur qu'en largeur.

Quant aux longues et larges bandes de grêle qui couvrent une grande étendue de pays, elles résultent naturellement de la translation même des nuées orageuses sous l'action du vent qui les accompagne. La largeur de la bande correspond à celle du groupe de nuées, et sa longueur à la distance parcourue.

211. Les bandes de pluie comprises entre deux bandes de grêle peuvent résulter de ce que la masse interne des nuages froids dans lesquels s'opèrent les décharges étant réchauffée par la fréquence des éclairs, l'eau pulvérisée ou vaporisée ne fait que se condenser sous forme de pluie dans la partie médiane, tandis que la congélation peut avoir lieu encore sur les parties latérales et se continuer sur tout le parcours.

212. Les intermittences et recrudescences qu'on observe, soit dans la chute de la grêle, soit dans les coups de vent qui l'accompagnent, sont tout à fait analogues à celles qu'on observe dans nos expériences, quand le courant électrique débouche sur une surface humide (145), et peuvent s'expliquer de la même manière.

([1]) On a pu le constater également, à Paris, dans le cours de l'année 1876.

Quand le nuage électrisé a réduit en vapeur une portion du cirrus dans lequel il pénètre, il se passe un instant avant qu'il ne rencontre une nouvelle masse à vaporiser; mais le reste du cirrus comble aussitôt le vide formé; une nouvelle décharge se produit, par suite, une nouvelle projection de vapeur ou d'eau pulvérisée et la formation de nouveaux grêlons.

213. La forme ovoïde ou en pointe des grêlons, leurs aspérités ou protubérances peuvent être attribuées à leur origine électrique; car, dans l'expérience de la *gerbe* (143-144), les globules ont aussi une forme ovoïde, et l'étincelle d'où ils jaillissent a l'aspect d'une couronne à pointes de flamme. Dans d'autres expériences où le courant agit sur une pâte humide qui conserve la forme résultant de l'action qu'elle a subie, on observe des cratères bordés de protubérances à pointes multiples tout à fait caractéristiques du passage du flux électrique (160).

214. La lueur quelquefois émise par les grêlons est due vraisemblablement à l'électricité. Bien que, dans nos expériences, on ne puisse distinguer si les globules aqueux ont une lueur propre ou causée par la réflexion de l'étincelle, il est probable que le flux électrique leur communique une courte phosphorescence, puisque, avec une tension plus grande, l'air humide lui-même devient incandescent (138)·

215. La structure interne des grêlons est variée, comme on le sait; les uns présentent une structure rayonnante à partir du centre, et semblent avoir été formés d'un seul jet; les autres ont un noyau blanc opaque, recouvert de couches de glace alternativement opaques et transparentes.
La formation des premiers peut s'expliquer, ainsi que nous l'avons dit plus haut (200), par la production d'une *gerbe électrique* de globules aqueux immédiatement congelés

sous le volume même qu'ils ont au moment où ils sont projetés, ou par la vapeur d'eau produite sous l'action calorifique des décharges, condensée en grosses gouttes, et congelée aussitôt dans l'enceinte du nuage à basse température (201).

Dans nos expériences, plus la quantité d'électricité fournie par le courant de tension est grande, plus les globules projetés sont gros; de même, dans la nature, les plus gros grêlons sont produits dans les orages où les manifestations électriques présentent le plus d'intensité ([1]).

216. La structure des grêlons formés de couches alternativement opaques et transparentes semble attester un développement successif au sein des nuages.

Cet accroissement de volume a été attribué à diverses causes qui peuvent être prises toutes en considération : soit à un mouvement oscillatoire des grêlons, comme l'admettait Volta, quand la disposition des groupes nuageux s'y prête, soit à leur chute même au travers d'une grande épaisseur de nuages, ainsi que l'a admis M. l'abbé Raillard ([2]); soit, d'après MM. Saigey, Daguin, Fron, Faye, Secchi, etc., à leur gyration prolongée, sous l'influence des tourbillons qui accompagnent ordinairement les orages à grêle, et qui ont été observés par Lecoq, et par MM. de Tastes, Severtzow, Buchwalder, etc.

Ces tourbillons peuvent soutenir, en effet, les grêlons,

([1]) Dans les orages en Suisse déjà cités, « le volume des grêlons, dit M. E. Plantamour, atteignait des proportions rares dans nos latitudes, et un vent violent d'Ouest les transformait en véritables projectiles, brisant tout sur leur passage; ceux de la grosseur d'une noix, d'un œuf de pigeon, et même d'un œuf de poule n'étaient pas rares. Le lendemain, on en ramassait de 6cm dans leur plus grande dimension; il y en eut même de près de 1dm.... Pendant la chute, il y avait plusieurs éclairs par seconde, le ciel était embrasé... » (*Bibl. univ. de Genève*, t. LIX, 1877, p. 339).

([2]) *Annuaire de la Société météorologique*, 1865, p. 129.

pendant un certain temps, dans les nuages, et contribuer à accroître leur volume.

Mais, pour expliquer leurs couches alternativement opaques et transparentes, nous avons pensé qu'on pourrait s'en rendre compte par des vaporisations et des congélations successives, jointes au mouvement gyratoire ([1]).

L'opacité du noyau neigeux qui forme ces grêlons semble attester, en effet, le saisissement et la congélation subite de la vapeur d'eau; car on sait que c'est le caractère des cristallisations rapides de donner lieu à des cristaux enchevêtrés non transparents. Ce premier noyau formé, la gyration au sein de l'humidité du nuage produit tout autour une couche de glace formée plus lentement, et par conséquent transparente. A la suite d'une nouvelle décharge électrique, une autre émission de vapeur a lieu, et en même temps qu'il en résulte de nouveaux grêlons, ceux qui tournent encore peuvent se recouvrir d'une seconde couche de vapeur qui se congèle brusquement à l'état neigeux, et ainsi de suite ([2]).

217. Quant à la cause de la formation de ces tourbillons de grêle, les expériences que nous avons décrites sous le nom de *spirales électrodynamiques* (158) (*fig.* 65 et 66), et que nous invoquerons plus loin (221), pour expliquer le mouvement gyratoire des trombes et des cyclones, nous

---

([1]) *Bulletin de l'Association scientifique de France,* 31 octobre 1875, p. 49.

([2]) Cependant, on peut objeter que le R. P. Sanna-Solaro a obtenu artificiellement de petites masses d'eau congelées en une seule fois, sans addition successive de nouvelles quantités d'eau, et présentant néanmoins des couches concentriques alternativement opaques et transparentes.

Il en résulterait que le mouvement tourbillonnaire n'est pas absolument nécessaire pour rendre compte de ce genre de structure de grêlons. Mais alors leur formation rentrerait simplement dans le cas précédent que nous avons expliqué (215).

ont conduit à l'attribuer à l'action magnétique du globe.

L'apparition de la grêle se lie, en effet, comme on vient de le voir, à la présence dans les nuages de grandes quantités d'électricité dont les décharges constituent de véritables courants électriques, de courte durée, il est vrai, ou intermittents, mais ayant tous les caractères d'un flux puissant d'électricité dynamique.

Or, les courants électriques peuvent tourner sous l'influence d'une action magnétique, et avec d'autant plus de rapidité qu'ils traversent des conducteurs plus mobiles. Quand ces courants rayonnent en tous sens, au sein d'un liquide, comme dans l'expérience dont il s'agit (158), le mouvement gyratoire produit sous l'influence d'un aimant, et rendu visible par un tourbillon de poudre semi-métallique détaché de l'électrode, s'effectue en spirale avec une rapidité extraordinaire.

Les colonnes d'air nuageuses ou humides, fortement électrisées et mobiles dans tous les sens, doivent donc prendre de même un rapide mouvement gyratoire en spirale, sous l'influence du magnétisme terrestre, et entraîner en tourbillons la grêle qui accompagne les décharges.

218. Ainsi, l'électricité nous paraît intervenir dans la production de la grêle par la variété de ses effets, soit mécaniques, soit calorifiques, soit magnéto-dynamiques. Le rôle des vents et des courants d'air est sans doute important; ils entraînent, divisent ou rassemblent, sur leur passage, les masses nuageuses électrisées; ils mettent en présence celles qui sont fortement chargées d'électricité et celles qui le sont moins; ils les élèvent vers les régions froides de l'atmosphère ou facilitent autour d'elles l'abaissement de température nécessaire à la congélation; ils les dirigent aussi, suivant la configuration du sol, vers les points où l'on observe que la grêle apparaît de préférence. Mais ce sont là des causes concourantes qui préparent

seulement les conditions favorables à la production de la grêle, tandis que l'électricité est, selon nous, la cause efficiente qui, par sa présence même dans les nuages et par la puissance instantanée de ses décharges, détermine la formation subite et la chute du météore (¹).

(¹) *Comptes rendus*, t. LXXXII, 31 janvier 1876, p. 316.

CHAPITRE III.

219. Les effets obtenus à l'aide de courants électriques de haute tension, que nous avons décrits plus haut (146 à 151), offrent de grandes analogies avec ceux des *trombes* et montrent l'importance du rôle que doit jouer l'électricité dans ces grands phénomènes naturels.

L'expérience représentée (*fig.* 52, p. 135), dans laquelle une veine liquide, fortement électrisée, s'écoule au-dessus d'un aimant, reproduit, dans des proportions infiniment réduites, il est vrai, mais avec leurs traits les plus caractéristiques, les principaux effets des trombes, le *bruissement* qu'elles font entendre, le brouillard qui se forme autour d'elles, les traits lumineux ou les éclairs silencieux qui les sillonnent, les globes de feu qui apparaissent quelquefois à leur extrémité (¹), le bouillonnement des eaux quand elles atteignent la surface de la mer; de sorte que ces météores peuvent être comparés à des *électrodes* positives de liquide ou de vapeur, desquelles s'échappent, vers le sol ou la mer, les puissants courants électriques des nuées orageuses.

(¹) On observe, en effet, dans cette expérience, au point où la veine rencontre la surface du liquide, et autour de l'étincelle, de petits globules aqueux lumineux, en même temps que de la vapeur d'eau et de l'eau pulvérisée.

220. Cette expérience nous a conduit, en outre, à attribuer le *mouvement gyratoire* des trombes (¹) à l'écoulement du flux électrique sous l'influence du magnétisme du globe ; car ce mouvement a lieu précisément de la même manière que dans l'expérience dont il s'agit, c'est-à-dire en *sens inverse de la rotation des aiguilles d'une montre pour un observateur placé dans l'hémisphère boréal, et en sens direct pour un observateur placé dans l'hémisphère austral* (146).

221. Si l'on considère que ce sens est aussi celui du mouvement des *cyclones,* — que la rotation de ces grands courants aériens a lieu en *spirale*, d'après les diagrammes de nombreux navigateurs (²), à l'instar des mouvements électrodynamiques *en spirale* que nous avons observés lorsqu'un flux électrique, s'échappant d'un seul point, peut rayonner dans tous les sens au-dessus d'un aimant (158-159) ; — si l'on remarque, en outre, que ces mouvements gyratoires sont accompagnés des manifestations électriques les plus intenses, à leur naissance dans les régions intertropicales (³), — et que les *cyclones* semblent se développer autour d'un point, appelé l'*œil du cyclone,* qui est un véritable foyer d'électricité, — il est permis,

---

(¹) La plupart des trombes sur terre ou sur mer sont accompagnées, comme on le sait, d'un mouvement gyratoire. À l'approche d'une trombe, « la surface de la mer commence à s'agiter, on voit l'eau écumer et tourner doucement jusqu'à ce que le mouvement rotatoire se soit accéléré... » (DAMPIER, *Voyage autour du monde*).

(²) MELDRUM, directeur de l'Observatoire de Maurice, *Notes sur la forme des cyclones dans l'océan Indien, etc.* D'après M. Wilson, directeur de l'Observatoire météorologique de Calcutta, la forme des cyclones du golfe du Bengale serait également plutôt spirale que circulaire.

(³) *Voir* les ouvrages de REID, de PIDDINGTON, de A. POEY (de La Havane), *Tempêtes électriques* (*Annuaire de la Société météorologique*, 1855) ; de MARIÉ-DAVY, *Les mouvements de l'atmosphère et des mers;* de A. LE GRAS, BRIDET, ROUX, ZURCHER et MARGOLLÉ, *Trombes et cyclones, etc.*

croyons-nous, d'attribuer ces redoutables météores à la rotation magnéto-dynamique des courants électriques de l'atmosphère auxquels les nuages servent de conducteurs mobiles et dont le mouvement se communique aux masses d'air qui les entourent ([1]).

222. Nous ajouterons, à l'appui de ces considérations, comme nous l'avons déjà fait à propos des tourbillons de grêle qui ont, selon nous, la même origine (217), que la vitesse avec laquelle ces mouvements électrodynamiques se produisent dans nos expériences est très grande, — le courant électrique n'étant point emprisonné dans des conducteurs métalliques et pouvant se répandre librement, d'un seul point, dans tous les sens au sein d'un liquide.

En voyant la rapidité de ces mouvements, on conçoit la puissance que peuvent acquérir ceux des courants aériens éminemment mobiles, chargés d'une grande quantité d'électricité, rayonnant également dans tous les sens, au sein de l'atmosphère, et transformés par le magnétisme du globe en mouvements gyratoires ([2]).

223. Le mouvement *en spirale* des trombes de poussière qu'on observe fréquemment dans les Indes, et dont le

---

([1]) Bien que le mouvement gyratoire des cyclones ait été généralement attribué, par la plupart des auteurs qui se sont occupés de cette question, à la rencontre de vents de direction contraire ou animés de vitesses différentes, nous ajouterons cependant que Reid lui-même, l'un des auteurs des *Lois des tempêtes*, avait présumé que « l'électromagnétisme avait peut-être quelque rapport avec le caractère rotatoire des tempêtes et leurs mouvements opposés dans les hémisphères différents... » (H. PIDDINGTON, *Guide du marin sur la loi des tempêtes*, Paris, 1859, p. 171). « ...Mais tout, sous ce rapport, est si spéculatif, ajoute Piddington, que nous nous bornerons à l'indiquer simplement. »

([2]) Nous ne considérons point ici, bien entendu, le mouvement de translation, ou la trajectoire des cyclones, qui dépend de la direction des vents réguliers supérieurs combinés avec le mouvement de rotation du globe.

docteur Baddeley a démontré l'origine électrique, peut s'expliquer également par l'influence du magnétisme terrestre (¹).

224. L'expérience décrite plus haut (146) prouve encore que les trombes, alors même qu'elles ne sont accompagnées d'aucun signe électrique, peuvent être néanmoins chargées d'électricité, et devoir leur mouvement gyratoire à la présence même de cette électricité. C'est qu'elles forment, dans ce cas, un conducteur assez parfait pour que le flux électrique puisse s'écouler sans se transformer en chaleur et en lumière.

225. La même expérience établit enfin que les trombes doivent être chargées d'électricité positive; car, si elles étaient négatives, le mouvement gyratoire aurait lieu en sens inverse de celui qu'on observe dans chaque hémisphère.

226. La formation même des trombes ou la descente de ces appendices nuageux vers le sol a été rapportée,

---

(¹) Les éclairs eux-mêmes présentent quelquefois la forme *en hélice* ou *en spirale*. COULVIER-GRAVIER, *Recherches sur les météores;* M. DE FONVIELLE, *Éclairs et tonnerre,* et d'autres observateurs en ont cité divers exemples.

Ce genre d'éclairs provient, selon toute vraisemblance, de la même cause, et nous paraît pouvoir être rapproché d'une élégante expérience d'électro-dynamique due à M. LE ROUX (*Annales de Chimie et de Physique,* 3ᵉ série, t. LIX, 1860, p. 409), DAGUIN (*Traité de Physique,* 3ᵉ édit., t. III, p. 649), dans laquelle un fil métallique très fin et très flexible, suspendu verticalement, traversé et même rougi par un courant électrique, s'enroule spontanément en hélice avec une très grande rapidité autour d'un aimant.

Le flux électrique lumineux de l'éclair doit tourner de même, sous l'influence magnétique du globe, et en admettant que ce soit un flux descendant d'électricité positive, le sillon décrit doit être une hélice *dextrorsum* dans l'hémisphère boréal, *sinistrorsum* dans l'hémisphère austral.

(*Voir,* pour plus de détails sur ce sujet, une Note que nous avons publiée dans *La Nature,* le 7 avril 1877, p. 300.)

avec raison, par Brisson ([1]) et Peltier ([2]) à une attraction électrostatique entre les nuages et la terre. A cette force attractive bien naturelle peut s'ajouter une action de transport, comme l'électricité dynamique en offre de nombreux exemples, et qui tend à faciliter l'écoulement de l'eau du nuage électrisé. On conçoit très bien qu'un nimbus très dense et fortement chargé d'électricité puisse donner naissance à la chute d'une colonne aqueuse, lorsqu'il passe à une distance suffisamment rapprochée du sol ou de la mer.

227. Les *raz de marée* qui accompagnent souvent les cyclones ([3]), les *seiches* des lacs de la Suisse, consistant en une élévation soudaine des eaux sous forme de vagues ou d'ondulations, particulièrement aux extrémités rétrécies des lacs, et qui se produisent surtout pendant les violents orages ([4]), s'expliquent aussi par les actions électriques, comme Bertrand, du reste, et d'autres observateurs l'avaient pensé.

L'expérience que nous avons décrite sous le nom de *mascaret électrique* (147) (*fig.* 53 et 54), dans laquelle un courant électrique de haute tension fait naître, sur les bords de la surface d'un liquide, une ou plusieurs petites vagues, relativement assez élevées au-dessus de son niveau, montre qu'un flux d'électricité atmosphérique peut repousser

---

([1]) Brisson, *Traité de Physique*, t. III, Paris, 1803, p. 418.

([2]) Ath. Peltier, *Observations et recherches expérimentales sur les causes qui concourent à la formation des trombes*, Paris, 1840.

([3]) « ...Cette coïncidence du ras de marée avec le cyclone est très remarquable; il n'est pas d'exemple d'un ouragan ayant frappé la Réunion, sans qu'il ait été précédé d'un phénomène de cette nature » (J. Rambosson, *Histoire des météores*, p. 243).

Piddington cite un cas observé à Ramsgate, « de l'élévation soudaine et de la baisse d'une colonne de marée, dans ce port, en août 1846; elles eurent lieu par trois fois, par ondulations inégales, pendant un fort orage, et juste pendant une forte décharge de ce qu'on appelle le choc en retour du fluide électrique » (*Guide du marin*, p. 136).

([4]) *Voir* les travaux récents de M. Forel sur ce sujet (*Bibl. univ. de Genève*, août et septembre 1878).

ou soulever des masses liquides comme un souffle ou un vent impétueux, et prouve encore l'origine électrique de ces phénomènes.

228. Le phénomène d'ascension d'une colonne liquide, produit par l'écoulement même d'un puissant flux électrique, que nous avons décrit plus haut sous le nom de *pompe voltaïque* (148) (*fig.* 55), les cônes aqueux formés au-dessous d'une électrode qui amène le courant à la surface d'un liquide (151) permettent d'expliquer les effets d'*aspiration* très énergiques produits par les trombes, et de concevoir, en particulier, comment, dans les trombes d'apparence tubulaire, cette aspiration, s'exerçant sur toute la longueur de la colonne électrisée, peut élever l'eau à une hauteur indéfinie, ce qui a fait désigner aussi ces météores sous le nom de *pompe* ou de *siphon*, dans certaines parties du monde. L'eau aspirée peut provenir des parois du canal vaporeux lui-même, et l'on s'explique ainsi l'observation faite sur l'absence de sel dans l'eau retombant des trombes marines.

229. Les phénomènes produits par l'électricité statique présentent aussi, à un faible degré, des effets d'aspiration et d'évaporation dont Brisson et Peltier avaient déjà signalé les analogies avec les trombes. Mais ceux que nous avons observés avec de forts courants d'électricité dynamique, réunissant à la fois la *quantité* et la *tension*, paraissent se rapprocher plus encore des conditions de la nature, et nous croyons pouvoir conclure de cette étude expérimentale que *les trombes et les cyclones sont de puissants effets électrodynamiques produits par les forces combinées de l'électricité atmosphérique et du magnétisme terrestre* [1].

---

[1] *Comptes rendus*, t. LXXXI, 26 juillet et 11 octobre 1875, p. 185 et 616, et t. LXXXII, 17 janvier 1876, p. 220.

CHAPITRE IV.

230. L'expérience bien connue de de la Rive sur la rotation des lueurs électriques, produites dans le vide, autour d'un aimant ([1]), a déjà fait ressortir l'origine électrique des aurores polaires et leur liaison avec le magnétisme du globe.

Mais il restait à expliquer encore un certain nombre de circonstances qui accompagnent leur apparition.

Les expériences que nous avons décrites (157) (*fig.* 61 à 63), dans lesquelles le flux électrique se trouve en présence de masses aqueuses ou de surfaces humides, comme dans l'atmosphère, nous ont paru présenter une série de phénomènes tout à fait analogues à ceux des aurores polaires ([2]).

231. On y reconnaît, en effet, malgré l'exiguïté des proportions, les couronnes, les arcs lumineux à franges de rayons brillants, réguliers ou sinueux, et animés d'un rapide mouvement ondulatoire.

Ce mouvement d'ondulation, en particulier, offre une complète analogie avec celui qu'on a comparé, dans les

---

([1]) A. DE LA RIVE, *Traité d'Électricité*, t. II, p. 248, et t. III, p. 289.
([2]) *Comptes rendus*, t. LXXXI, 26 juillet 1875, p. 185, et t. LXXXII, 13 mars 1876, p. 626.

aurores, aux plis et aux replis d'un serpent ou à ceux d'une draperie agitée par le vent.

232. Bien que la lumière jaune domine dans ces expériences, par suite de l'emploi de l'eau salée, on observe aussi, sur les points où l'eau provenant de la vapeur condensée est moins chargée de sel, des teintes pourpres et violacées analogues à celles des aurores (1).

233. Les rayons de l'arc lumineux des aurores polaires doivent provenir, de même que ceux qu'on observe dans ces expériences, de la pénétration du flux électrique dans les amas humides ou glacés qu'il rencontre. Le vide qui en résulte se comblant à mesure, de nouveaux rayons se reforment sans cesse, et l'on s'explique ainsi comment les jets de lumière des aurores *dardent* ou paraissent lancés et renouvelés à chaque instant.

234. Le cercle ou segment obscur formé dans les aurores par la brume ou le voile nébuleux que rencontre le flux électrique correspond, dans l'expérience, au cercle ou segment humide qui environne l'électrode, et autour duquel s'épanouit le courant voltaïque.

Les portions les plus voisines du point d'où s'écoule le flux électrique étant vaporisées, ce n'est qu'à une certaine distance que l'onde électrique arrêtée se transforme en chaleur et en lumière.

235. L'analogie de forme entre l'arc lumineux produit dans nos expériences et celui des aurores est aussi très

---

(1) *Voir* les descriptions d'aurores polaires dans les ouvrages ou travaux de A. DE HUMBOLDT (*Tableaux de la Nature, Cosmos*); BRAVAIS, LOTTIN, etc. (*Voyages en Scandinavie*); ARAGO (*Notices scientifiques*); PIAZZI-SMYTH (*Observations faites à l'Observatoire royal d'Edimbourg*, vol. XIV, 1877, pl. 5, 6 et 7); LIAIS (*Les Mondes*, t. XXXVIII), etc.

frappante. Cette forme de l'écoulement du flux électrique dans le voltamètre vient de ce que le liquide n'entoure pas tout à fait l'électrode. Mais si cette électrode est immergée davantage, il se produit (157) des ondes ou des cercles lumineux entiers, de même que dans les aurores dont l'arc n'est souvent considéré que comme la portion visible pour l'observateur d'un cercle lumineux complet.

236. On a vu que, dans les mêmes expériences, le liquide est violemment agité par le flux électrique; des tourbillons se forment par le choc des ondes électrisées les unes contre les autres, et, si l'on opère avec peu de liquide, il se produit finalement une ébullition lumineuse correspondant à cette fluctuation de lumière qui caractérise aussi les aurores polaires.

237. La vapeur d'eau se dégage avec d'autant plus de vivacité et d'abondance que l'électrode pénètre plus dans le liquide. Ce phénomène, que les plus fortes batteries de l'électricité statique permettent à peine de soupçonner, est important à considérer; car il explique naturellement les chutes abondantes de pluie ou de neige qui ont presque toujours été constatées pendant les aurores polaires (¹).

238. La production de grands vents à la suite de l'apparition des aurores boréales montre, ainsi que nous l'avons fait remarquer au sujet de la grêle, que la décharge d'une grande quantité d'électricité dans l'atmosphère entraîne, par son action calorifique, par la vaporisation instantanée et la condensation rapide qui en résultent, la formation de puissants courants aériens.

(¹) « Plusieurs fois les aurores boréales ont été accompagnées de gelée blanche, et le plus grand nombre d'entre elles ont été suivies par de grandes chutes de neige ou de pluie, ou par des coups de vent violents et des tempêtes » (Extrait d'une communication de Necker de Saussure à Arago, *Notices scientifiques*, t. I, p. 694).

239. Le bruissement qui a été souvent entendu pendant les aurores est dû, comme celui qui accompagne nos expériences, à la vaporisation produite par les sillons de feu électrique pénétrant dans une masse humide.

« Ce bruit est surtout, dit-on, fort intense quand les rayons sont dardés avec vivacité ([1]). » La production du bruissement dans le voltamètre est aussi d'autant plus intense que les rayons qui bordent l'arc lumineux sont plus longs et se forment avec plus de vivacité au sein du liquide.

240. Les perturbations magnétiques causées par les aurores se reproduisent dans ces expériences en plaçant une aiguille aimantée près du circuit. La déviation augmente ou diminue selon que l'arc lumineux se développe plus ou moins dans le liquide.

241. Il résulte encore de ces faits que les aurores doivent être produites par un flux d'électricité *positive;* car les phénomènes lumineux sont les mêmes que ceux de l'électrode positive dans le voltamètre, et l'électrode négative n'offre rien de semblable.

---

[1] KAEMTZ, *Traité de Météorologie,* traduction de Ch. Martins, p. 428.

L'existence de ce bruit a été révoquée en doute par quelques observateurs; mais les nombreux témoignages émanant de personnes habitant la région même des aurores boréales prouvent que ce bruit se fait quelquefois entendre, sans doute quand la hauteur à laquelle se produit l'aurore n'est pas trop grande (ARAGO, *Notices scientifiques,* t. I, p. 693).

Voici ce qu'en dit le Dr Hjaltalin, dans un Mémoire sur les aurores boréales :

« J'ai d'abord porté mon attention pour découvrir si quelque bruit accompagnait ou non les aurores boréales; je crois pouvoir assurer que ce bruit existe; bien qu'on ne l'entende que relativement peu souvent; je l'ai entendu seulement six fois sur cent observations » (Louis FIGUIER, *L'année scientifique,* 1864, p. 107).

242. Mais les aurores polaires sont-elles une décharge entre l'électricité positive de l'atmosphère et celle de la terre supposée négative ? Si cela était, on devrait observer des chutes de foudre très fréquentes aux pôles, ou des lueurs et des aigrettes lumineuses sur les points saillants du sol, formant la contre-partie du phénomène qui se passe dans l'air. Or, l'observation montre qu'il n'en est pas ainsi. Nous inclinons donc à penser que c'est le vide imparfait des hautes régions qui, fonctionnant comme une immense enveloppe conductrice, joue le rôle de l'électrode négative dans les expériences rappelées ci-dessus, et que l'électricité positive s'écoule vers les espaces planétaires, et non vers le sol, à travers les brumes ou les nuages glacés qui flottent au-dessus des pôles.

243. Quant à l'origine de cette électricité polaire, on a admis qu'elle venait de l'équateur et des régions tropicales. Mais on peut objecter que les nuages électrisés doivent se décharger dans un aussi long parcours, et l'on sait, en effet, que les orages sont de plus en plus rares, à mesure que l'on s'approche des pôles. Des analogies déduites de nos expériences et que nous indiquerons plus loin (Chapitre VI), nous ayant conduit à considérer les corps célestes comme chargés d'électricité positive, la seule espèce d'électricité peut-être qui existe, nous serions porté à regarder la terre elle-même comme chargée d'électricité positive se dégageant du sol et des mers par voie de simple *émission*, et rayonnant de toute sa surface, aux pôles comme à l'équateur, en produisant des effets très différents dans l'atmosphère, par suite des conditions météorologiques tout à fait opposées de ces régions.

244. L'électricité positive émanant ainsi du globe terrestre ne serait pas, selon nous, le résultat d'une production ou génération proprement dite, par des causes physiques ou

chimiques. Elle ne serait point due à l'évaporation, ni au frottement, ni à des actions thermo-électriques, mais proviendrait d'une charge primitive ou provision d'électricité propre à la terre elle-même, emportée par elle, à l'origine de sa formation, et qui tendrait à se dissiper, de même que la chaleur qu'elle possède, avec une lenteur extrême, en raison de sa masse considérable.

245. Cette électricité, pénétrant l'atmosphère, gagnerait sans cesse les couches supérieures dont l'air, de plus en plus raréfié, offre d'immenses espaces conducteurs, et se répandrait de là dans les régions planétaires. Les couches inférieures de l'air voisines de la terre n'étant point raréfiées, on conçoit que l'électricité positive n'y apparaisse qu'en faible quantité et s'accumule dans les couches plus élevées. Ainsi s'expliquerait l'accroissement de la quantité d'électricité positive, à mesure qu'on s'élève dans l'atmosphère.

246. La terre ne se comporterait donc pas, suivant nous, vis-à-vis de l'atmosphère, comme un corps qui produirait de l'électricité par le frottement d'un autre corps prenant l'électricité contraire. Car on serait entraîné alors à admettre que cette production a lieu à la surface de séparation de la terre de l'atmosphère, sans aucune action physique ou mécanique apparente autre que l'évaporation lente à la surface des mers. Or, il est reconnu aujourd'hui que le phénomène de l'évaporation n'est pas par lui-même une source d'électricité.

Les vapeurs formées au-dessus des mers nous paraissent constituer seulement *un prolongement conducteur, dans l'atmosphère, de la masse liquide conductrice du globe*, de laquelle émane, par suite de sa tension, l'électricité positive. On s'explique ainsi que le dégagement d'électricité soit plus grand au-dessus des mers qu'au-dessus de la croûte solide du globe. La vapeur d'eau facilite la diffusion de l'électricité dans l'air qui, à la pression ordinaire, se comporte comme un corps isolant.

247. On comprend également, d'après cette hypothèse de la terre considérée comme un corps électrisé dans toute sa masse, que cette électricité propre puisse se dégager, par voie d'éruption, pour former les nuées volcaniques, toujours accompagnées d'éclairs et de tonnerre, et se manifester aussi lors des tremblements de terre qui se rattachent aux mouvements internes d'une masse liquide fondue, chargée d'électricité.

Les vapeurs produites au-dessus de cette masse fondue, et trouvant une issue par les volcans, doivent nécessairement entraîner de l'électricité, de même que les vapeurs formées au-dessus des mers, sans qu'il soit nécessaire pour cela d'admettre des effets chimiques souterrains produisant de l'électricité par des moyens qui nous seraient inconnus.

248. Si l'on considère maintenant cette émission d'électricité dans les régions équatoriales et tropicales où l'évaporation est très abondante, il en résulte naturellement des nuages fortement électrisés et des orages continuels.

Ces nuages ne peuvent s'élever directement à une grande hauteur; car ils sont emportés par les vents réguliers de ces régions, et les phénomènes électriques, tout en apparaissant au-dessus même des points où les orages ont pris naissance, continuent de se reproduire sur leur parcours, mais en s'affaiblissant à mesure que la latitude augmente.

249. Aux pôles, au contraire, où l'évaporation est beaucoup plus faible, la quantité d'électricité tendant à émaner du globe terrestre est, sans doute, moins abondante, car l'air moins humide à la surface du sol ou des mers de ces régions s'en charge avec moins de facilité; mais celle qui se dégage s'élève directement dans les couches

supérieures de l'atmosphère et forme ainsi une sorte de nappe électrisée tendant à se diffuser dans l'espace.

Si aucun amas humide conducteur ne vient s'interposer entre cet écoulement de l'électricité, à partir des régions déjà hautes de l'atmosphère vers des régions encore plus élevées, le flux électrique se décharge d'une manière obscure ou faiblement lumineuse; car la transition de couches d'air moins raréfiées aux couches plus raréfiées n'est pas brusque, mais graduelle. Son passage ne se révèle alors que par des perturbations magnétiques.

Si, au contraire, les amas nuageux à l'état de globules liquides ou de cristaux de glace flottent dans l'intervalle, des effets lumineux se manifestent comme dans nos expériences, et l'on observe des aurores polaires [1].

250. Cette manière d'envisager la terre comme chargée d'électricité positive, ainsi que l'atmosphère elle-même, semble rendre inexplicables, au premier abord, les décharges qui se produisent, dans les orages ordinaires, entre les nuages électrisés *positivement* et le sol également *positif*.

Mais cette difficulté apparente se résout facilement si l'on considère qu'une portion donnée de la surface du sol, tout en émettant de l'électricité positive, en est beaucoup moins chargée que l'amas nuageux qui passe au-dessus, après avoir récolté et emmagasiné, sur son parcours, l'électricité positive répandue dans l'air, et apportant aussi une grande partie de celle qu'il a prise, lors de sa formation même, au-dessus des mers, dans les régions chaudes.

Il en résulte que cette portion du sol, n'ayant qu'une tendance positive relativement faible, devient, *par influence*,

[1] « ...Les derniers observateurs placent le siège de ces apparitions, non pas à la limite de notre atmosphère, mais dans la région même où se forment les nuages et les amas de vapeur vésiculaires.... » (*Voir* A. DE HUMBOLDT, *Cosmos*, traduction de MM. Faye et Galuski, 4e édit., t. I, p. 221.)

fortement *négative*. Les choses se passent comme entre les nuages eux-mêmes, qui peuvent être tous électrisés positivement et sont néanmoins le siège de violentes décharges, parce qu'ils sont électrisés à des degrés différents ([1]).

251. Les considérations que nous venons de développer s'accordent, du reste, jusqu'à un certain point, avec l'hypothèse d'Ampère, admettant l'existence d'un courant électrique de direction déterminée, enveloppant le globe et produisant son action magnétique.

On pourrait ajouter seulement, pour expliquer l'émission de l'électricité dans l'atmosphère et, par suite, dans l'espace, que ce doit être un courant d'une tension très grande, non point maintenu dans un conducteur matériel limité, à l'instar du fil d'un solénoïde, mais rayonnant autour de toute la masse du globe, en raison de sa haute tension ([2]).

252. En résumé, nous conclurons de cette étude que les aurores polaires résultent, selon nous, de la diffusion dans les couches supérieures de l'atmosphère, autour des pôles magnétiques, de l'électricité positive émanant des régions polaires elles-mêmes, soit en rayons obscurs quand il n'y a pas de nuages interposés, soit convertie en chaleur et en lumière par la rencontre d'amas aqueux, à l'état liquide ou solide, qu'elle vaporise avec bruit et précipite, sous forme de pluie ou de neige, à la surface du globe ([3]).

([1]) MM. Quetelet et Palmieri ont admis, comme on le sait, que les nuages qui semblent négatifs ne le sont que par influence, à l'une de leurs extrémités seulement.

([2]) Ce paragraphe et ceux qui précèdent depuis (244), relatifs à l'origine de l'électricité atmosphérique, sont extraits d'un Mémoire présenté à l'Académie des Sciences le 13 mars 1876 et dont un extrait seulement a été inséré dans les *Comptes rendus*.

([3]) *Comptes rendus*, t. LXXXII, 13 mars 1876, p. 629.

CHAPITRE V.

253. Si l'analyse spectrale a permis, dans ces derniers temps, d'étudier la composition chimique des corps célestes, il n'est pas téméraire aujourd'hui de chercher à se rendre compte de leur constitution physique par l'observation des phénomènes électriques et par les rapprochements auxquels ces phénomènes peuvent donner lieu.

Herschell et Ampère avaient déjà pensé que l'incandescence du soleil pouvait être attribuée à des courants électriques. Plusieurs astronomes et physiciens modernes, parmi lesquels nous citerons MM. Young, Morton, Respighi, Spœrer, Marco (de Turin), ont émis des idées analogues.

Les phénomènes que nous avons observés avec des courants électriques de haute tension, tels que les mouvements gyratoires, les effets lumineux, les formes sphériques ou annulaires prises par la matière soumise à l'action du courant, nous ont porté aussi à penser que l'électricité à l'état dynamique pouvait jouer un rôle important, non seulement dans les phénomènes météorologiques, mais encore dans ceux de la physique céleste.

L'expérience que nous avons décrite plus haut (158), dans laquelle un nuage d'oxyde métallique arraché à une électrode par le flux électrique prend, au sein d'un liquide, un mouvement gyratoire *en spirale*, sous l'influence d'un aimant, nous a paru de nature à expliquer, en particulier, la forme si remarquable des *nébuleuses spirales*.

Il suffit, en effet, de jeter les yeux sur les figures qui représentent cette expérience (*fig.* 65 et 66, p. 150) pour y reconnaître la forme de ces nébuleuses, décrites par lord Rosse, dont les unes ont la courbure de leurs branches dirigées en sens inverse du mouvement des aiguilles d'une montre, comme les spires de la figure 65, telles que la nébuleuse de la Vierge (ou de la Chevelure de Bérénice), etc.; dont les autres ont leurs spires dirigées dans le sens même du mouvement des aiguilles d'une montre, comme celles de la figure 66, telles que la nébuleuse des Chiens de chasse, etc. ([1]).

254. En présence d'une analogie aussi frappante, n'est-on pas autorisé à penser que le noyau de ces nébuleuses peut être constitué par un véritable foyer d'électricité; que leur forme en spirale doit être probablement déterminée par la présence de corps célestes fortement magnétiques placés dans le voisinage, et que le sens de la courbure des spires doit dépendre de la nature du pôle magnétique tourné vers la nébuleuse ([2]) ?

Il serait donc intéressant de chercher, parmi les étoiles déjà connues autour de ces nébuleuses, quelles sont celles qui, par leur position, peuvent exercer cette influence

[1] Amédée GUILLEMIN, *Le Ciel*, 5e édit., p. 833 et suiv.

[2] On peut objecter à ces rapprochements que l'on n'aperçoit point, dans l'espace, de conducteur amenant un courant électrique extérieur au centre des nébuleuses. En réponse à cette objection, nous rappellerons que, dans d'autres expériences faites avec une source d'électricité beaucoup plus intense, nous avons observé de petits anneaux lumineux, composés de particules incandescentes, tout à fait détachés de l'électrode; ces anneaux, dont le milieu est agité par un tourbillon liquide, se meuvent dans l'intervalle compris entre l'électrode et un anneau lumineux plus grand, formé à l'entour par le choc de l'onde électrique contre les parois du voltamètre (157). Ce sont là de véritables foyers électriques, séparés du jet principal qui leur a donné naissance, et analogues, bien qu'infiniment petits, à des noyaux d'astres isolés ou à des agglomérations stellaires, telles que celles qui constituent les nébuleuses annulaires.

magnétique, ou d'explorer la voûte céleste sur l'axe autour
duquel semblent tourner les spirales, en deçà ou en delà
du plan suivant lequel elles se développent, pour découvrir
les corps célestes capables de déterminer leur forme ou
leurs mouvements gyratoires ([1]).

Dans le cas où un astre serait reconnu comme satis-
faisant à ces conditions, on pourrait examiner encore, sur
la ligne passant par le centre de la nébuleuse et l'astre
lui-même, s'il n'y aurait point, en regard de l'autre pôle
magnétique de cet astre, une seconde nébuleuse spirale,
dont les courbes, tournées en sens inverse des courants
magnétiques de ce pôle, apparaîtraient néanmoins à l'observateur dirigées dans le même sens que celles de la première,
et l'ensemble de ces trois corps constituerait ainsi un système
stellaire symétrique. La matière cosmique est répandue
avec une si grande profusion dans l'espace, que cette
hypothèse n'a rien d'inadmissible ([2]).

De telles recherches exigeant l'emploi des plus puissants
télescopes, nous ne pouvons que les signaler aux astronomes, avec toute la réserve que commandent des induc-
tions basées sur de simples analogies; mais, si l'observation
venait à les justifier, ce serait assurément une preuve décisive
en faveur de la constitution électrique des corps célestes ([3]).

([1]) Des actions électrodynamiques de ce genre peuvent être invo-
quées aussi pour expliquer la désagrégation même des corps célestes,
comme l'a supposé M. D. Vaughan (de Cincinnati) (juillet 1878). Cette
désagrégation peut être, d'ailleurs, facilitée ou commencée par le
refroidissement des astres porté à sa dernière limite, ainsi que l'a
admis M. Stanislas Meunier, pour expliquer l'origine des météorites
(*Le Ciel géologique*, 1871, p. 195).

([2]) La nébuleuse des Chiens de chasse offre elle-même, un peu en
dehors du système principal de ses spires, une autre nébulosité qui a
été reconnue par Chacornac comme présentant également une forme
spirale.

([3]) *Comptes rendus*, t. LXXXI, 26 octobre 1875, p. 749.

CHAPITRE VI.

255. Les perforations électriques produites par un courant de haute tension (160) (*fig.* 68 à 70), nous ont paru présenter des analogies remarquables avec la structure des taches solaires, telles qu'elles ont été observées par MM. Nasmyth, Dawes, Lockyer, Chacornac, le P. Secchi, Tacchini, Langley, etc., et qui ont été assimilées à des brins ou à des fagots de chaume, à des filaments recourbés, tordus ou entrelacés, etc.

La matière en jeu dans nos expériences est, il est vrai, très différente. C'est une matière organique simplement humide, alors que, dans le Soleil, il s'agit, sans doute, d'une masse minérale fluide et incandescente. Mais l'action de l'électricité peut s'exercer et se révéler, dans les deux cas, de la même manière : dans le premier, par une division en filaments innombrables de la matière desséchée et par des jets de vapeur d'eau; dans le second cas, par des ruisseaux de matière lumineuse extrèmement divisée et par des projections de vapeurs de substances minérales.

Ces apparences bizarres des taches solaires, si difficiles à expliquer par des actions mécaniques ordinaires, se comprendraient donc facilement par l'intervention de l'électricité, dont l'une des propriétés les plus caractéristiques est de cliver, de façonner en pointes ou de diviser en filaments toute matière opposée à son passage, pour se frayer les voies multiples qui semblent nécessaires à son rapide écoulement.

256. Nous avons été conduit ainsi à penser que les taches solaires sont des cavités produites par des éruptions essentiellement électriques; que, par suite, la masse interne du Soleil doit être fortement chargée d'électricité; et que, d'après le sens des excavations dont les talus filamenteux sont *rentrés* vers l'intérieur de l'astre, l'électricité qui s'en échappe doit être *positive* (160).

257. Mais ce ne sont pas là les seules analogies que nous puissions invoquer pour admettre la présence de l'électricité dans le Soleil. Les phénomènes que nous avons observés sur des globules métalliques incandescents, formés sous l'influence d'un puissant courant électrique, peuvent jeter aussi quelque jour sur la constitution physique du Soleil, considéré simplement comme un globe de matière incandescente ([1]).

---

[1] Le Verrier écrivait, en 1860, après avoir observé, en Espagne, une éclipse totale de Soleil :

« J'arrive à la constitution physique du Soleil. Une refonte ou même un abandon complet de la théorie qu'on avait admise jusqu'ici me paraissent nécessaires. Il y a lieu de beaucoup simplifier.

» On nous assurait que le Soleil était composé d'un globe central et obscur; qu'au-dessus de ce globe se trouvait une immense atmosphère de nuages sombres; plus haut encore, on plaçait la photosphère, enveloppe gazeuse, lumineuse par elle-même, source de l'éclat et de la chaleur du Soleil. Lorsque les nuages de la photosphère se déchirent, disait-on, on peut apercevoir le noyau obscur du Soleil; de là les *taches*, qui se présentent fréquemment. A cette constitution si complexe, on eût dû ajouter une troisième enveloppe formée de l'ensemble des nuages roses.

» Or, je crains que la plupart de ces enveloppes ne soient de pures fictions, que le Soleil ne soit *simplement un corps lumineux en raison de sa haute température*, et recouvert par une couche continue de la matière rose dont on connaît aujourd'hui l'existence. L'astre, *ainsi*

Nous avons vu, en effet, que ces globules fondus (*fig.* 13 et 14, p. 5o) présentaient de brillantes *éruptions*, par suite de l'agitation de leur masse interne sous l'action à la fois calorifique et chimique de l'électricité; que les jets de gaz et de particules incandescentes provenant de ces éruptions se faisaient jour nécessairement par des cavités ou des perforations produites dans la matière même du globule; que ces perforations, laissant voir l'intérieur relativement plus froid et moins lumineux du globule, formaient des *taches* obscures sur sa surface brillante et *ondulée;* que par suite de l'amincissement plus ou moins grand de l'enveloppe fondue, autour des cratères d'éruption, des portions de la surface paraissaient plus ou moins brillantes dans le voisinage des taches; que ces globules, examinés après leur refroidissement, offraient une surface *ridée* et *mamelonnée;* enfin qu'ils étaient *creux*, et que leur enveloppe était d'autant plus mince que le métal renfermait plus de gaz en combinaison.

258. Nous avons donc cru pouvoir conclure de ces expériences, par voie d'analogie :

1º Que le Soleil peut être considéré comme un globe *creux* électrisé, plein de gaz et de vapeurs, recouvert d'une enveloppe de matière fondue et incandescente ([1]);

2º Que les rides ou *lucules* de sa surface proviennent des ondulations de cette enveloppe liquéfiée;

formé d'un corps central, liquide ou solide, recouvert d'une atmosphère, rentre dans la loi commune de la constitution des corps célestes.

» ...Quelle que soit la constitution du noyau du Soleil, solide ou liquide, la surface et l'intérieur de l'astre doivent être au moins aussi tourmentés que la surface et l'intérieur de la Terre, et il n'y doit manquer ni de trombes, ni de *phénomènes électriques*, ni de volcans capables de produire les mouvements observés » (*Bulletin de l'Association scientifique de France*, 1869, p. 97).

([1]) Cette conclusion s'accorde avec la faible densité connue du Soleil.

3º Que les *taches* sont simplement des perforations de l'enveloppe fluide, produites par les masses de gaz et de vapeurs électrisées, venant de l'intérieur de l'astre, et donnant aux rebords des cavités, ainsi qu'il a été dit plus haut, les formes qui caractérisent le passage de l'électricité positive;

4º Que les *facules* semblent être une phase brillante dans l'évolution des masses gazeuses, lorsqu'elles se rapprochent de la surface avant leur éruption;

5º Que les *protubérances* sont formées par les gaz eux-mêmes, sortant de l'intérieur de l'astre à une température plus élevée et, par suite, plus lumineux que ceux qui forment l'atmosphère de sa surface.

259. On peut objecter à ces conclusions que les globules métalliques dont il s'agit sont produits entre les deux pôles d'un appareil et traversés par un courant électrique, tandis que le Soleil est isolé dans l'espace; mais, en se reportant à nos expériences antérieures, telles que celle de la *gerbe* (143), on conçoit la production de sphéroïdes électrisés, entièrement détachés de la source d'où ils émanent et emportant avec eux une certaine quantité d'électricité de tension. De plus, si, dans l'expérience sur le globule métallique, on laisse fondre le fil auquel le globule adhère, le courant s'interrompt; le globule reste suspendu à l'un des pôles, et pendant le court instant qu'il se maintient incandescent, des taches se produisent encore, et des bulles se dégagent à sa surface (*fig.* 14, p. 5o).

Si ce phénomène dure un temps appréciable, avec une aussi petite masse de matière, on comprend quelle durée il peut avoir quand il s'agit du globe immense du Soleil. Le mouvement vibratoire électrique communiqué doit persister, à l'instar du mouvement mécanique, avec les effets physiques et chimiques qui lui sont propres.

Ainsi nous pensons que le Soleil est électrisé, mais qu'il

ne crée point l'électricité qu'il possède, non plus que la chaleur et la lumière qui en sont la transformation : c'est une provision qu'il aurait reçue de l'anneau nébuleux dont il n'est qu'une particule brillante, destinée à s'éteindre un jour; cet anneau nébuleux dériverait d'une onde électrisée, et ainsi de suite, jusqu'à la cause première, créatrice de toute force et de tout mouvement. Considérée à ce point de vue, l'incandescence du globe solaire, prolongée pendant une longue série de siècles, ne serait elle-même qu'une étincelle de courte durée dans l'infini du temps et de l'espace (¹).

(¹) *Comptes rendus*, t. LXXXII, 10 avril 1876, p. 816.

CINQUIÈME PARTIE.

MACHINE RHÉOSTATIQUE.

260. Description de la machine rhéostatique. — Après
avoir décrit des appareils propres à *accumuler* et à *transfor-*
mer le travail de la pile voltaïque, de manière à obtenir, à
volonté, des effets temporaires de *quantité* ou de *tension* très
supérieurs à ceux d'une pile donnée, — après les avoir appliqués particulièrement à l'observation des effets produits par
des courants électriques de haute tension, et avoir reconnu
l'intérêt que présentait l'étude de ces effets, par leurs analogies avec les grands phénomènes naturels, — nous avons
cherché à transformer plus complètement encore la force de
la pile voltaïque et à obtenir une tension équivalente à celle
des appareils de l'électricité statique.

Ce problème semblait déjà résolu, sans doute, par les
appareils d'induction; mais la méthode que nous avons
employée, tout en étant moins simple au point de vue
pratique, nous a paru plus directe au point de vue théorique
et susceptible de convertir, avec moins de perte dans la
transformation, une quantité donnée de force électrique
prête à fournir un courant dynamique, en une quantité
correspondante d'effets électriques sous la forme statique.

Nous avions déjà eu l'occasion de constater fréquemment
que nos batteries secondaires de 600 à 800 éléments per-
mettaient de charger rapidement un condensateur à lame

isolante suffisamment mince en verre, mica, gutta-percha, paraffine, etc. ([1]).

Pour obtenir des effets statiques continus et de plus grande intensité, nous avons réuni un certain nombre de condensateurs formés, de préférence, avec du mica recouvert de feuilles d'étain, disposés comme les couples des batteries secondaires elles-mêmes, de manière à pouvoir être succes-

Fig. 74.

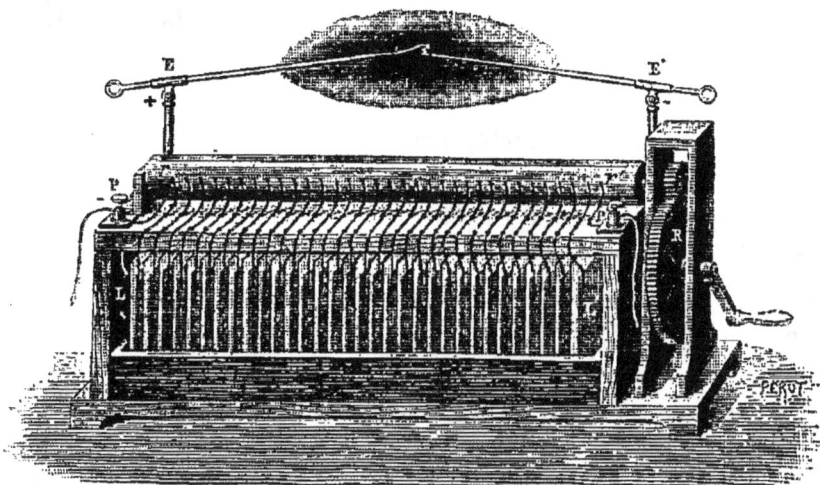

sivement chargés en *quantité* et déchargés en *tension*, et nous avons désigné l'appareil ainsi réalisé sous le nom de *machine rhéostatique (fig. 74)* ([2]).

261. Toutes les pièces de l'appareil ont dû être isolées avec soin. Le commutateur est formé d'un long cylindre en caoutchouc durci, muni de bandes métalliques longi-

---

([1]) On sait que Volta, Ritter, Cruikshank, etc. ont pu charger des condensateurs, à l'aide de la pile, et que ces résultats ont donné lieu à des recherches, par le calcul ou l'expérience, de la part d'un grand nombre de physiciens.

([2]) *Comptes rendus*, t. LXXXV, 29 octobre 1877, p. 794.

tudinales, destinées à réunir les condensateurs en surface,
et traversé, en même temps, par des fils de cuivre, coudés
à leurs extrémités, ou des fiches métalliques formant une
légère saillie arrondie, ayant pour objet d'associer les condensateurs en tension. Des fils métalliques façonnés en
ressorts r, r' sont mis en relation avec les deux armatures
de chaque condensateur et fixés, sur une plaque en ébonite,
de chaque côté du cylindre qui peut être animé d'un
mouvement rapide de rotation, à l'aide de la roue R, et
d'un pignon engrenant avec elle.

Lorsque le cylindre est tourné de manière à présenter,
au contact des ressorts, ses bandes métalliques longitudinales, les armatures de rang pair de tous les condensateurs
se trouvent réunies d'un côté, toutes les armatures de rang
impair sont réunies de l'autre côté, de manière à ne former
qu'un condensateur unique de grande surface, et se chargent
en faisant aboutir les bornes P et P' aux pôles de la
batterie.

Quand le cylindre se trouve tourné au contraire, comme
le montre la figure, de manière à présenter aux ressorts
ses fiches transversales, tous les condensateurs chargés se
trouvent associés en série ou en tension. L'armature L du
condensateur extrême placé à gauche communique avec le
dernier ressort placé de l'autre côté du cylindre et aboutit
à la branche E de l'excitateur. L'armature L' du dernier
condensateur placé à droite communique avec l'avant-
dernier ressort; ce ressort se trouve en contact avec la
dernière fiche métallique traversant le cylindre de part en
part, et le dernier ressort placé de l'autre côté du cylindre
communique avec l'autre branche E' de l'excitateur.

Pendant que les condensateurs sont ainsi réunis en
tension, la pile ou batterie chargeant l'appareil se trouve
tout à fait en dehors du circuit. Le dernier ressort r' visible
sur la figure, communiquant avec la batterie par la borne P',
et l'autre ressort extrême, communiquant avec la borne P,

ne touchent aucune partie métallique du cylindre du commutateur.

262. Effets produits par la machine rhéostatique ([1]). — Pour étudier les effets produits, nous avons fait usage de plusieurs machines composées d'un nombre variable de condensateurs dont la double armature avait environ 3^{dm^2} de surface.

En employant d'abord une machine de 10 condensateurs, chargée par la batterie secondaire de 800 couples, nous avons obtenu, avec une vitesse de 15 tours par seconde, une série d'étincelles brillantes, de 13 à 14^{mm} de longueur, se succédant assez rapidement (au nombre de 30 par seconde), pour former un trait de feu continu, accompagné du même bruit que celui des étincelles d'une bobine d'induction munie d'une bouteille de Leyde.

Avec des machines composées de 30, 40 et 50 condensateurs, nous avons obtenu des étincelles de 4 et de 5^{cm}.

263. La longueur des étincelles croît à peu près en proportion simple du nombre des condensateurs; mais on ne peut l'établir d'une manière rigoureuse, à cause de l'inégalité d'épaisseur des lames isolantes et des effets variables qui en résultent. Ainsi, avec une série de 30 condensateurs choisis, à lame isolante très mince, les étincelles sont de 4^{cm}; avec 50 condensateurs de diverses épaisseurs, elles ne dépassent guère 5^{cm}.

264. D'autre part, quand la lame isolante des condensateurs est trop mince, elle se perce sous l'influence de la tension du courant, et l'on obtient alors, si le courant continue à agir, l'*étincelle ambulante* que nous avons décrite plus haut (*fig.* 48, p. 131).

([1]) *Comptes rendus*, t. LXXXVI, 25 mars 1878, p. 761.

265. Le diamètre du cylindre du commutateur doit être proportionné à la longueur des étincelles que l'on cherche à obtenir. Il faut que le quart de sa circonférence ou l'intervalle compris entre les bandes métalliques du commutateur et la ligne des fiches transversales ait une longueur plus grande que l'étincelle qui peut se produire ; autrement, celle-ci éclate dans le commutateur au lieu d'apparaître entre les branches de l'excitateur.

266. **Forme en crochet de l'étincelle et de l'aigrette.** — L'étincelle donnée par la machine rhéostatique présente,

Fig. 75.

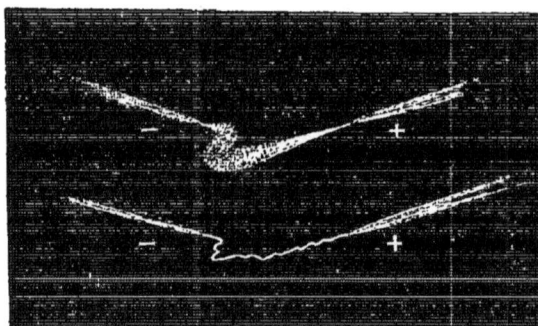

quand on emploie une certaine vitesse de rotation et une tension suffisante du courant primaire, une forme particulière très constante que l'on n'observe pas, avec le même degré de netteté, dans celle des machines électriques ou des bobines d'induction.

Cette forme consiste, lorsque l'angle compris entre les branches de l'excitateur est très obtus, en un trait de feu partant en ligne droite dans le prolongement de la branche positive, s'élevant notablement au-dessus de la pointe négative, et venant la rejoindre par un crochet, en décrivant, sur ce point, de nombreuses sinuosités (*fig.* 75).

La même forme se retrouve dans l'aigrette que donne

la machine, quand on augmente de 1 ou 2^{mm} la distance
des pointes. Un jet lumineux conique s'élance du pôle
positif, parcourt les trois quarts environ de la distance au
pôle négatif et se recourbe vers la courte aigrette formée
autour de la pointe négative (*fig.* 75).

267. La différence de forme de ces étincelles et de ces
aigrettes avec celles des bobines d'induction vient de ce
que la machine rhéostatique ne donne pas, comme ces
derniers appareils, un flux d'électricité de sens alternativement positif et négatif, mais toujours de même sens, ce
qui permet en outre d'en mesurer facilement la tension
avec l'électromètre à longue échelle de Thomson et de la
comparer à celle des machines électriques.

268. Il y a lieu aussi de remarquer, ainsi que nous l'avons
fait pressentir plus haut (260), que la perte de force résultant de la transformation d'électricité dynamique en
électricité statique est ici beaucoup moindre que dans
les appareils d'induction; car le circuit voltaïque n'étant
pas fermé un seul instant sur lui-même, il n'y a pas
conversion d'une partie du courant en effet calorifique.
L'électricité de la source se répand simplement sur les
surfaces polaires offertes par tous les condensateurs, au
fur et à mesure qu'on les décharge.

269. Avec les machines de 30 à 50 condensateurs qui
donnent des étincelles de 4 à 5^{cm}, la vitesse de rotation
n'étant pas si grande, les étincelles sont moins continues
et leur forme est moins constante; leurs sinuosités s'élèvent
ou s'abaissent irrégulièrement au-dessus ou au-dessous
de la ligne droite qui joindrait les deux pointes de l'excitateur (*fig.* 76).

L'aigrette positive présente alors un pédicule terminé

par une gerbe lumineuse ovoïde plus ou moins ramifiée
et tout à fait analogue à celle des machines électriques (*fig.* 76).

Fig. 76.

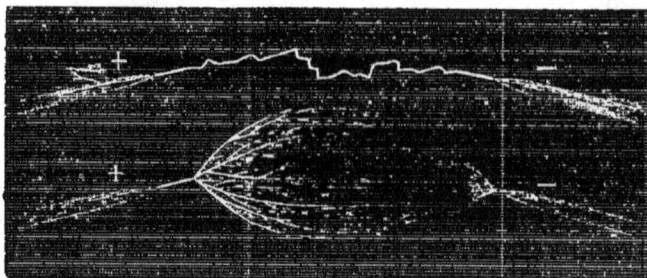

270. La lumière produite dans le vide est plus vive que
celle des machines électriques, par suite de la plus grande
quantité d'électricité en jeu, et, lorsque le mouvement
de rotation est assez rapide, elle est aussi vive et aussi
continue que celle des bobines d'induction.

Les tubes de Geissler les plus résistants, les tubes à
substances phosphorescentes de M. Edmond Becquerel
sont illuminés d'une manière brillante.

On remarque l'absence de toute stratification et de la
gaine de lumière bleue autour du pôle négatif que présentent
les bobines de Ruhmkorff. La lumière est pourpre dans
toute l'étendue des tubes et les remplit complètement de
même qu'avec une bobine d'induction additionnée d'une
bouteille de Leyde.

Cet effet doit provenir d'un excès de tension; car si l'on
diminue beaucoup celle de la batterie employée pour charger
la machine rhéostatique, les stratifications et la gaine
bleue apparaissent.

271. **Lumière dans le vide.** — La batterie secondaire
de 800 couples qui sert à charger la machine rhéostatique,

bien que n'étant pas isolée d'une manière spéciale, illumine directement elle-même les tubes de Geissler, en y produisant des stratifications, telles que celles qui ont été observées par MM. Abria, Grove, Gassiot, Warren de la Rue et H.-W. Muller. Une longue colonne d'eau étant mise dans le circuit, on peut, même avec une seule décharge de la batterie, rendre lumineux un tube de Geissler pendant plus de 3 heures et demie, en raison de la faible somme d'électricité dépensée par le passage du courant à travers l'air raréfié.

Mais quand on interrompt le courant de la batterie pendant que l'illumination d'un tube a lieu, il arrive souvent qu'elle ne se reproduit plus en fermant de nouveau le circuit. Une faible diminution dans la tension de la batterie suffit pour empêcher le phénomène de se manifester; car la tension de 800 couples secondaires est la tension presque minimum qu'on peut employer pour faire traverser au flux électrique des tubes étroits à air raréfié.

Si alors on interpose la machine rhéostatique dans le circuit, de telle sorte que les extrémités du tube à air raréfié communiquent à la fois avec les pôles de la machine et ceux de la batterie secondaire, on observe, en tournant pendant un instant seulement la machine, ce curieux résultat que le tube s'illumine aussitôt, sans stratification, et que la batterie continue ensuite de l'illuminer seule avec des stratifications. Le tube a été *amorcé* par la tension de la machine rhéostatique plus grande que celle de la batterie.

272. La machine rhéostatique donne, en général, tous les autres effets des machines électriques et des bobines d'induction, et ces effets ne paraissent pas troublés, d'une manière sensible, par les variations de l'état hygrométrique de l'air. La production de l'étincelle continue ou de l'aigrette est accompagnée d'une forte odeur d'ozone. Chacun des pôles peut donner des étincelles à l'approche des

corps en relation avec le sol. Les effets des tourniquets électriques ou d'insufflation produite par les pointes de l'excitateur sont mis facilement en évidence.

273. Sur la possibilité d'obtenir des effets avec un courant d'une tension moindre. — L'appareil dont il s'agit ne présenterait qu'un intérêt théorique, s'il était nécessaire de recourir toujours à une batterie secondaire de 800 couples pour en manifester les effets. Aussi nous sommes-nous appliqué à les produire avec une source d'électricité beaucoup moindre, et nous y sommes parvenu en augmentant le nombre des condensateurs et en diminuant le plus possible l'épaisseur des lames isolantes.

Avec une machine de 50 condensateurs à lames de mica très minces, maintenues par des cadres de caoutchouc durci, on obtient des étincelles continues de 6mm, en n'employant que 100 couples secondaires, et l'on peut même rendre lumineux un tube d'air raréfié en chargeant la machine avec une batterie secondaire de 30 à 40 couples (¹). C'est avec cette source relativement faible qu'on voit apparaître les stratifications et la gaine bleue autour du pôle négatif.

(¹) A défaut d'une batterie secondaire, une pile de Bunsen de cinquante à soixante éléments, telle qu'on en monte pour des expériences de projection à la lumière électrique, une machine de Gramme que l'on disposerait de manière à avoir le plus de tension possible, conviendraient également pour charger la machine rhéostatique.

Nous avons même obtenu, avec une très petite batterie secondaire de six cents éléments (formée de lamelles de plomb taillées en fourchettes de quelques millimètres seulement de largeur), agissant sur la machine rhéostatique, des étincelles à peu près aussi longues qu'avec six cents éléments de nos batteries ordinaires.

Ces six cents petits couples étaient plongés dans des tubes de verre, de 1cm de diamètre, fixés sur une planchette n'ayant pas plus de 0m,60 de longueur, sur 0m,40 de largeur. Tous ces couples étaient chargés eux-mêmes en tension par notre grande batterie de huit cents couples.

274. Transformation complète d'une certaine quantité d'électricité dynamique en électricité statique. — Il était intéressant de chercher à mettre en évidence la transformation complète, à l'aide de la machine rhéostatique, d'une certaine quantité d'électricité dynamique emmagasinée par une batterie secondaire, et de connaître approximativement le temps nécessaire pour en épuiser la charge complète, sous forme d'effets statiques. Parmi les diverses expériences que nous avons faites, nous citerons la suivante :

Une batterie secondaire de 40 couples, sans aucun résidu de charge antérieure, mais toute prête à emmagasiner le moindre travail chimique d'une pile primaire, a été chargée, pendant 15 secondes seulement, par deux éléments de Bunsen, et mise ensuite en action sur la machine rhéostatique. Il a fallu tourner alors l'appareil pendant plus d'un quart d'heure pour épuiser cette charge en illuminant un tube de Geissler (*voir* § 300).

Il en résulte qu'avec la quantité d'électricité prise par la batterie secondaire pendant une dizaine de minutes (ce qui est à peu près le temps convenable pou y accumuler, sans perte sensible, le travail de la pile primaire), on pourrait rendre lumineux un tube d'air raréfié pendant plus de 10 heures.

275. Longueur des étincelles. — Nous avons vu précédemment (263) que la longueur des étincelles produites par la *machine rhéostatique* était sensiblement proportionnelle au nombre des condensateurs. Mais l'inégalité d'épaisseur des lames de mica ne nous avait pas permis de l'établir d'une manière positive. En employant, depuis lors, des condensateurs à lame de mica d'épaisseur aussi uniforme que possible, chargés dans les mêmes conditions par la batterie secondaire de 800 couples, et en ne faisant faire qu'un demi-tour au commutateur de la machine, de manière à ne produire que des étincelles isolées au lieu d'un trait de feu continu, nous avons obtenu des nombres relativement plus élevés et variant plus régulièrement que les précédents.

Avec une machine de 10 condensateurs, nous avons eu des étincelles de 1^{cm},5; avec une machine de 30 condensateurs, des étincelles de 4^{cm},5, et avec une machine de 80 condensateurs, des étincelles de 12^{cm} de longueur ([1]).

La longueur des étincelles produites par la machine rhéostatique peut donc être considérée comme *proportionnelle au nombre des condensateurs*.

276. Cette longueur croît plus rapidement avec la tension du courant qui agit sur la machine et paraît varier proportionnellement au carré du nombre des éléments, de même que l'étincelle directe d'une pile de haute tension, d'après la loi donéée par MM. Warren de la Rue et Hugo W. Müller; cependant les résultats que nous avons obtenus n'ont pas toujours été assez concordants pour que nous puissions affirmer d'une manière certaine que l'étincelle de la machine rhéostatique suit exactement la même loi.

277. **Grande machine rhéostatique.** — La figure 77 représente la machine rhéostatique de 80 condensateurs que nous avons employée dans ces expériences. Le cylindre en caoutchouc durci du commutateur a 1^{m} de longueur sur 0^{m},15 de diamètre ([2]).

([1]) Si l'on tient compte des sinuosités décrites, ces étincelles ont une longueur plus grande; mais on n'a mesuré ici que la distance comprise entre les branches de l'excitateur.

([2]) D'après la règle que nous avons donnée (263), il semble que l'on ne pourrait pas obtenir, avec ce cylindre, des étincelles d'une longueur supérieure au quart de la circonférence de sa base (c'est-à-dire 0^{m},118); mais comme les pointes de l'excitateur placées en face l'une de l'autre offrent un moyen de décharge plus facile que l'intervalle compris entre les bandes de *quantité* et les fiches de *tension*, l'étincelle éclate de préférence entre ces pointes, alors même que leur distance est un peu plus grande.

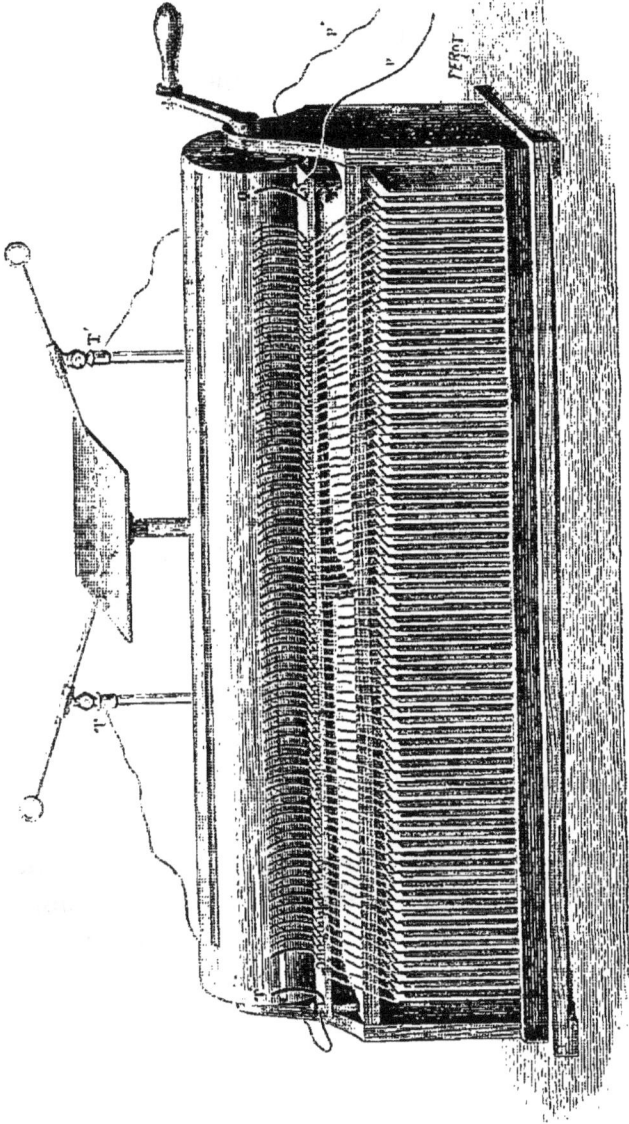

Fig. 77.

La disposition est d'ailleurs à peu près la même que celle de la première machine que nous avons décrite (261). Mais les ressorts extrêmes sont à une assez grande distance de ceux qui les précèdent, de manière à éviter que les étincelles n'éclatent entre les pôles de tension de la machine rhéostatique et ceux de la batterie secondaire. Les condensateurs sont formés par des lames de mica, de $0^m,18$ de longueur sur $0^m,14$ de largeur, recouvertes de chaque côté de feuilles d'étain. Des fils de cuivre fins, recouverts de gutta-percha, sont collés à l'extrémité de chaque armature. Les bords des condensateurs sont aussi rendus adhérents contre des cadres ou même de simples plaques en ébonite pour leur donner plus de rigidité et les maintenir plus facilement dans une position verticale les uns près des autres, sans contact.

278. Lorsqu'on met le commutateur en rotation, des étincelles apparaissent sur tous les points où les bandes métalliques viennent rencontrer les ressorts aboutissant aux condensateurs pour les charger en surface, et donnent au cylindre l'aspect d'un *tube étincelant*.

Une autre ligne d'étincelles apparaît lorsque tous les condensateurs se trouvent réunis en tension et que la décharge se produit entre les branches de l'excitateur.

Si une colonne d'eau distillée est interposée dans le circuit de la batterie secondaire, l'eau semble décomposée d'une manière continue, pendant que la machine est en mouvement. En réalité, cette décomposition n'a lieu qu'au moment où se produisent les étincelles *de charge;* car, pendant la décharge, le tube à eau, de même que la batterie secondaire, se trouve tout à fait en dehors du circuit.

La quantité limitée d'électricité dynamique emmagasinée dans la batterie secondaire se dépense ainsi peu à peu pendant la charge même des condensateurs; mais cette dépense est très lente, et chaque charge des condensateurs, par suite chaque décharge, correspond à une très minime quantité d'action électrochimique consommée dans la batterie (300).

279. Étincelles produites dans diverses conditions. — Nous avons vu (275) que les étincelles produites dans l'air par une machine rhéostatique de 80 condensateurs atteignaient une longueur de $0^m,12$.

Si, entre les deux pointes de l'excitateur appuyées sur une plaque de matière isolante, on répand de la fleur de soufre, l'intervalle est rendu sensiblement plus conducteur, et l'on peut obtenir ainsi des étincelles de $0^m,15$ de longueur (*fig.* 77). Si on les fait éclater sur une poudre tout à fait conductrice. telle qu'une limaille métallique, elles peuvent aller jusqu'à $0^m,70$.

280. Lorsque ces étincelles traversent la fleur de soufre, elles forment sur leur passage un sillon sinueux de 2^{mm} à 3^{mm} de largeur, et si la surface isolante sur laquelle est répandue la fleur de soufre est un mélange de résine et de $1/10^e$ environ de paraffine, elles laissent au milieu du sillon une ligne bleuâtre très nette, directement visible, tracée comme à la mine de plomb, et qui permet d'en conserver l'exacte *autographie* [1]. Toutefois cette trace tend à s'effacer par le frottement; mais en la suivant fidèlement et en la creusant à l'aide d'une pointe, on la rend ineffaçable et l'on peut ensuite la décalquer facilement.

C'est ainsi qu'a été obtenue la figure 78, qui représente des étincelles de longueurs diverses en grandeur naturelle.

[1] Lorsque la surface isolante est formée par de la résine pure ou du caoutchouc durci, la trace est beaucoup plus difficilement visible.

Fig. 78.

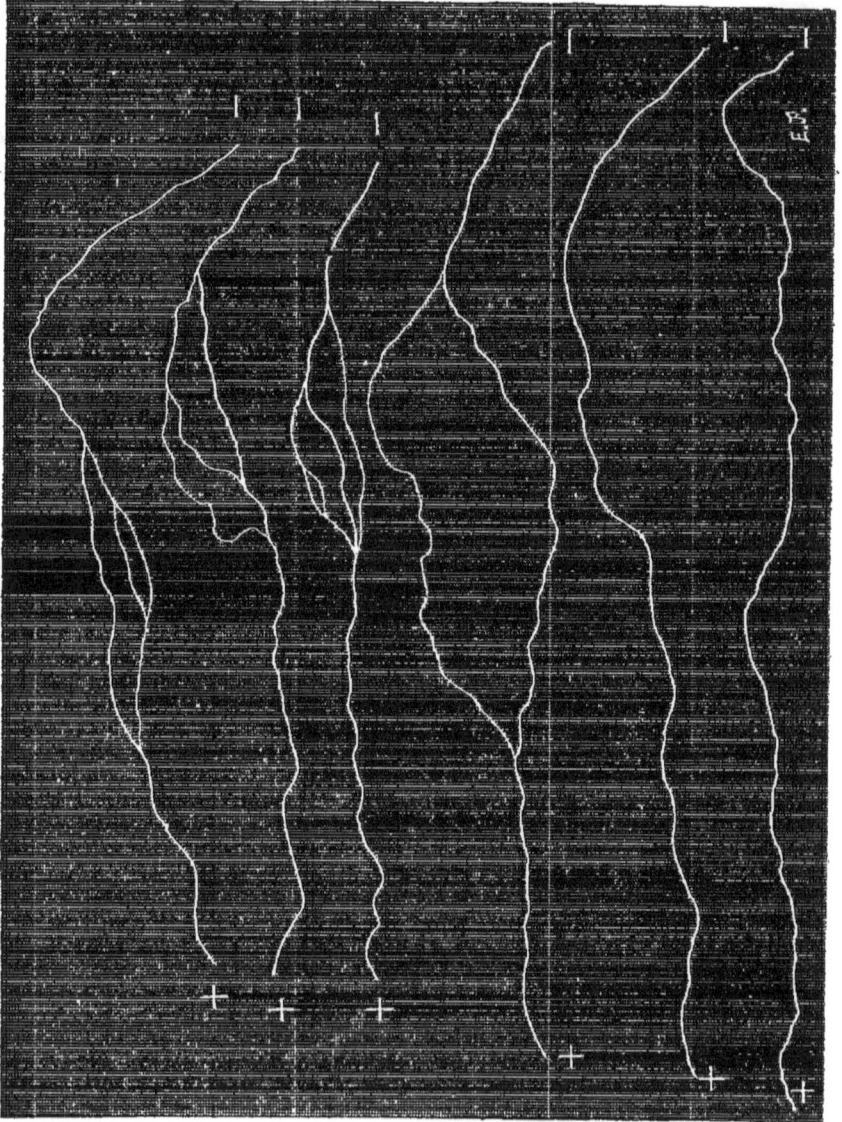

281. Forme des étincelles. — On reconnaît que ces étincelles présentent souvent, quand elles n'ont pas la longueur maximum qu'elles peuvent atteindre, des embranchements fermés semblables à des *anastomoses*, et qui peuvent échapper quand on n'observe que le trait lumineux.

Leurs sinuosités sont toujours arrondies, et l'on n'observe jamais cette forme en zigzag à angles vifs, sous laquelle sont souvent représentées les étincelles électriques.

La forme en sinusoïde domine; quelquefois même l'étincelle se réduit à deux demi-ondulations, composant une sorte de S que l'on retrouve aussi fréquemment dans les éclairs qui atteignent le sol (188).

282. On y retrouve particulièrement la forme *en crochet* près du pôle négatif, que nous avions déjà remarquée

Fig. 79.

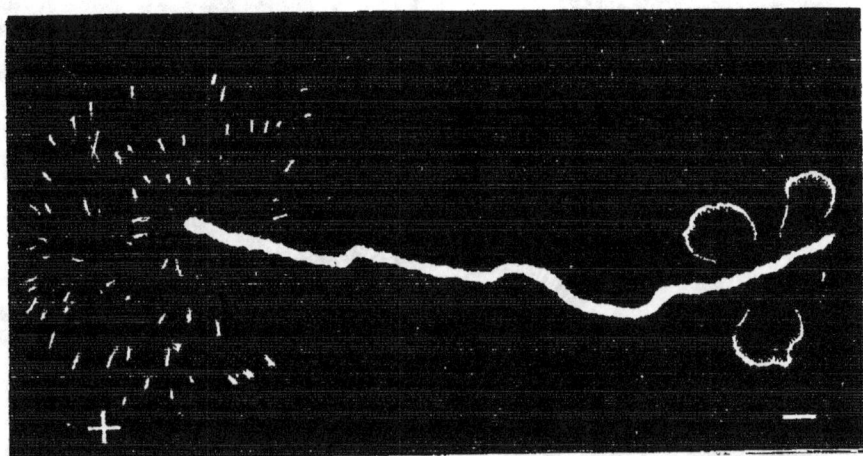

dans les étincelles plus petites d'une machine rhéostatique à 10 condensateurs (266).

Le plan dans lequel ce crochet se produit varie constamment. Ainsi, nous avons obtenu des séries d'étincelles dont

Fig. 80.

le crochet est de sens opposé à celui de la figure 78, mais toujours auprès du pôle négatif (*fig.* 79, § 286).

283. La formation de ce crochet nous semble pouvoir s'expliquer par la rencontre des deux mouvements en sens opposé de la matière pondérable arrachée aux pointes de l'excitateur, et par l'angle qui résulte presque toujours de cette rencontre; car les jets électriques ne se produisent presque jamais dans le prolongement exact l'un de l'autre; ils partent de divers points des extrémités de l'excitateur, quelque déliées qu'elles puissent être. Chacune de ces extrémités, alors même qu'elle est taillée en pointe, offre en effet une surface relativement grande par rapport à la finesse du jet électrique de matière qui s'en échappe, et le point duquel s'élance ce jet dépend des circonstances les plus variées, soit de l'état physique, soit de l'état chimique de la surface, ainsi que nous avons eu l'occasion de l'observer dans le jet plus abondant de matière lumineuse produit par un courant de haute tension, entre une électrode de platine et la surface d'un liquide.

Quant à la formation du crochet près du pôle négatif, on s'en rend compte en admettant que le mouvement électrique partant du pôle positif doit être le plus rapide et qu'il parcourt la plus grande partie de la distance à l'autre pôle, où a lieu un mouvement inverse. Par suite, l'angle ou crochet arrondi résultant de la rencontre doit se produire naturellement dans le voisinage du pôle négatif.

284. **Arborisations.** — Ces étincelles offrent aussi des *arborescences* qui apparaissent en enlevant l'excès de soufre par quelques légers chocs donnés à la lame isolante sur laquelle elles ont laissé leur sillon.

La figure 80 représente, en grandeur naturelle, les arborisations formées sur le trajet d'une étincelle de $0^m,15$ de longueur, produite par la machine rhéostatique.

Fig. 81.

(Réduction aux 3/4 de la grandeur naturelle.)

285. Ces effets permettent de s'expliquer les empreintes d'apparence végétale que l'on a observées quelquefois sur le corps de personnes foudroyées, et qui ne sont que le résultat des ramifications du trait de la foudre elle-même ([1]).

286. La figure 79 représente le sillon produit dans la fleur de soufre par une étincelle de la machine rhéostatique, avant qu'on ait donné à la lame isolante sur laquelle cette poudre est répandue les chocs qui font apparaître les arborisations.

([1]) On en trouve un exemple récent cité dans le journal *The Lancet*, de Londres : « Un berger du comté de Leicester gardait son troupeau dans les champs, lorsqu'un ouragan éclata, et, naturellement, comme bien des gens s'obstinent à le faire, il chercha un refuge sous un arbre. Peu de temps après il sentit une commotion au-dessus de l'épaule gauche, et, perdant tout à coup l'usage de ses jambes, tomba. Lorsqu'on le transporta à son domicile, il avait encore toute sa connaissance, mais il se plaignait de douleurs dans le dos et dans les jambes. L'examen auquel se livra le médecin appelé pour lui donner des soins, lui fit découvrir un assez bizarre effet du coup de foudre. De l'épaule gauche, jusqu'en bas, occupant tout le dos, apparaissait, admirablement reproduite en saillie sur la peau et dans une teinte écarlate brillante, une tige d'arbuste avec de nombreuses branches délicatement tracées comme avec une pointe d'aiguille. Le tronc avait à peu près trois quarts de pouce de largeur, et l'aspect général était celui d'un pied de fougère à six ou huit branches. Le tout était fort bien reproduit et comme imprimé sur le dos du patient. » (*Les Mondes*, 12 septembre 1878).

On peut se rendre compte facilement du cas dont il s'agit par son analogie avec ce qui se passe dans l'expérience précédente. Au moment où l'étincelle se produit, on voit la fleur de soufre projetée en l'air, surtout autour des deux pôles. De même, dans le cas de la chute de la foudre, la poussière du sol ou toute autre matière placée sur le passage de la décharge doit être projetée, et l'on conçoit que cette matière, portée à une très haute température, puisse produire, sur le corps humain, un effet de cautérisation instantanée sous une forme arborescente.

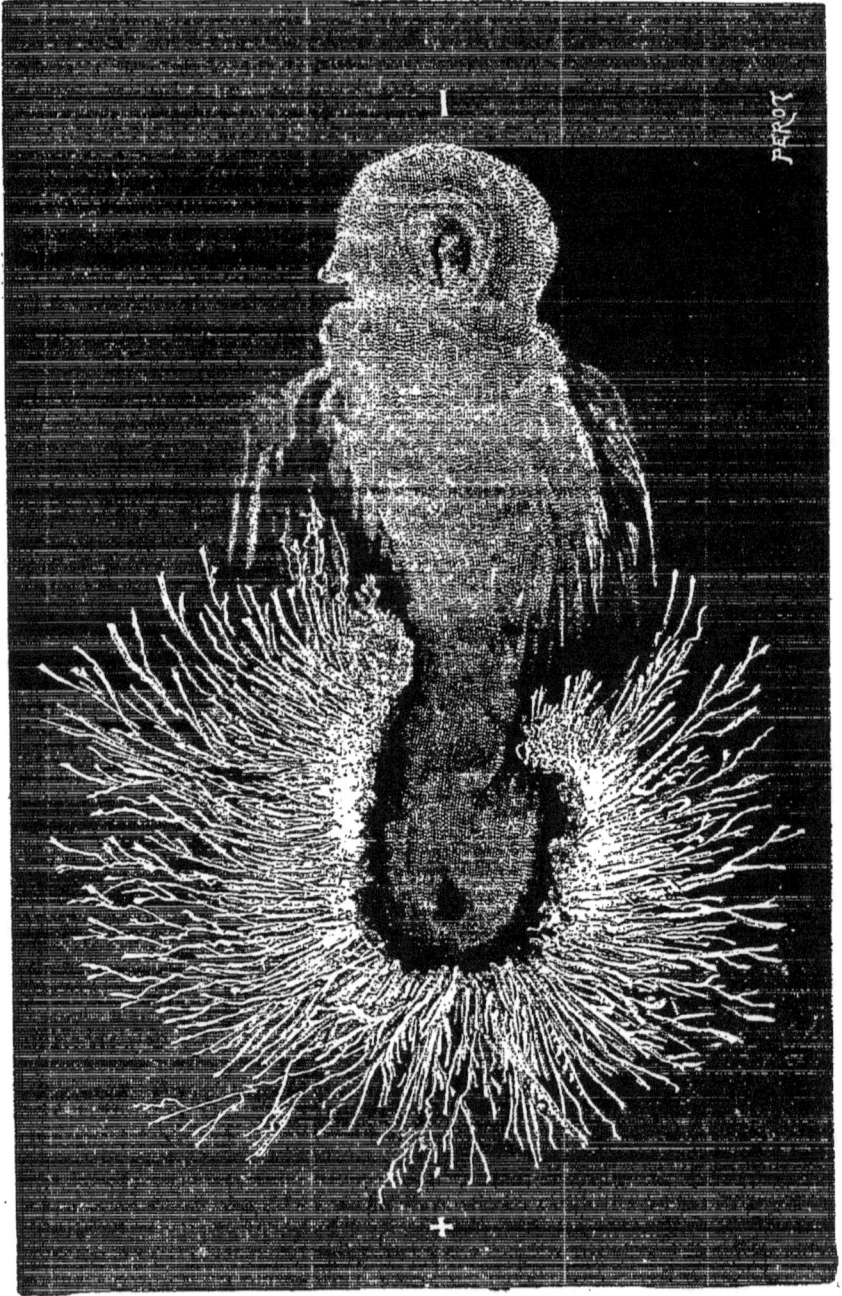

Fig. 82.

On y remarque que la largeur du sillon est plus grande du côté du pôle positif et va en s'amincissant vers le pôle négatif.

Autour du pôle positif, on aperçoit quelques traits correspondant aux branches ou rayons suivant lesquels la fleur de soufre a été soulevée et projetée en plus grande quantité.

Du côté du pôle négatif, on voit, au contraire, des traces circulaires correspondant aux contours des bouquets arborescents formés autour de ce pôle et qui sont, comme on a pu le remarquer dans la figure 80, d'un tout autre genre que ceux du pôle positif.

287. **Figures de Lichtenberg produites par les étincelles de la machine rhéostatique.** — Ces étincelles produites à la surface de la résine pure fournissent, par l'insufflation de la poudre soufre et minium, de belles figures à la Lichtenberg, d'un autre genre que les arborisations ci-dessus et qui, fixées sur un papier humecté d'un vernis, constituent de précieux éléments pour l'étude de la décharge électrique (*fig.* 81 et 82).

La différence entre l'effet produit par les aigrettes et celui des étincelles est ici particulièrement marquée.

Quand la distance entre les pointes de l'excitateur est trop grande pour que l'étincelle puisse éclater et qu'une aigrette seulement apparaît, le mouvement électrique de matière pondérable partant du pôle négatif, manifesté par la poudre de minium qui adhère à la résine, ne s'étend pas jusqu'au pôle positif. Ce dernier pôle ne présente pas trace de poussière rouge au milieu de la couronne de soufre à rayons divergents qui l'entoure (*fig.* 81).

Mais si l'étincelle a éclaté, cette couronne est ouverte et l'intérieur se trouve rempli de poussière rouge de minium, montrant que le mouvement électrique partant du pôle négatif s'est étendu jusqu'au point même d'où part l'électricité positive (*fig.* 82).

Dans le cas de l'étincelle, la distribution de l'électricité négative présente une curieuse apparence *crabiforme* (*fig.* 82) ([1]); dans le cas de l'aigrette, le mouvement électrique autour de ce même pôle négatif offre l'aspect non moins bizarre d'un *poulpe* dont les tentacules se dirigent vers le pôle positif sans pouvoir l'atteindre (*fig.* 81).

288. D'autre part, quand l'étincelle éclate, on reconnaît quelquefois par la présence de traces de soufre autour

Fig. 83.

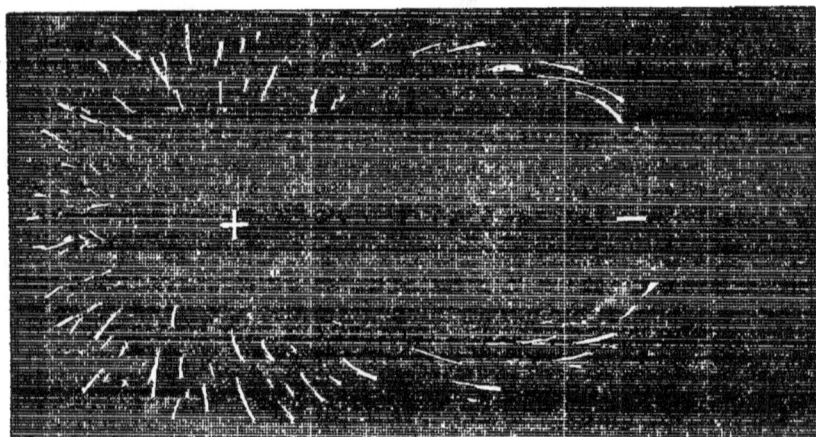

du pôle négatif que l'émission d'électricité positive s'est étendue jusqu'au point d'atteindre ce pôle. Il y a donc mélange des deux électricités à chaque pôle (*fig.* 83).

289. Cette observation explique comment, dans le circuit des courants de très haute tension qui se rapprochent beaucoup d'une série continue de décharges d'électricité statique, on peut avoir une décomposition complète de l'eau à chaque pôle, et, par suite, un mélange d'oxygène et d'hydrogène (132).

---

[1] Cette forme n'est pas exceptionnelle; elle s'est présentée dans un grand nombre d'étincelles obtenues de la même manière.

290. On remarque aussi que le mouvement partant du pôle positif enveloppe extérieurement, comme d'une gerbe de fusées à trajectoire courbe (*fig.* 81, 82 et 83), le mouvement électrique négatif.

Souvent on aperçoit, en même temps, un flux intérieur d'électricité positive autour de la ligne de l'étincelle outre

Fig. 84.

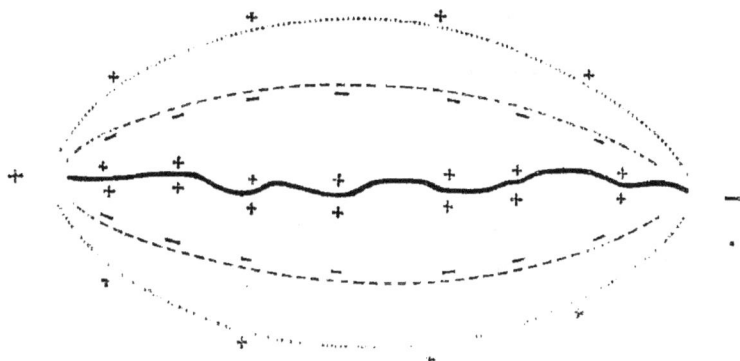

le courant positif enveloppant extérieur, et, entre les deux, le courant d'électricité négative qui semble comme aspirée par le pôle positif (*fig.* 84). L'électricité négative ou la matière pondérable qu'elle entraîne (¹) se meut donc dans un espace annulaire formé par la matière électrisée partant du pôle positif (²).

(¹) Quand nous disons matière pondérable, nous ne voulons point parler, bien entendu, de la poudre soufre et minium, mais de la matière invisible à froid, arrachée aux électrodes par la décharge disruptive, et dont le passage sur la résine est révélé par l'insufflation postérieure du mélange de soufre et de minium.

(²) Tous ces effets peuvent être observés sans doute à l'aide de décharges de batteries de Leyde; mais nous les décrivons ici comme étant obtenus avec la machine rhéostatique, non seulement pour en montrer l'identité avec ceux de l'électricité statique, mais aussi parce que cet appareil permet de les reproduire sur une grande échelle et avec plus de netteté que par tout autre moyen.

291. Cette seconde observation explique les effets d'aspiration ou d'ascension de l'eau que nous avons obtenus avec des courants électriques de haute tension (148).

N'y retrouve-t-on pas aussi, comme nous l'avons déjà fait remarquer, l'explication de l'ascension de l'eau dans le corps nuageux des trombes (228) ?

292. **Condensation des étincelles.** — Les étincelles de la machine rhéostatique sont bruyantes par elles-mêmes, car elles résultent de la décharge d'un très grand nombre de condensateurs. Mais on peut en augmenter encore l'intensité en chargeant des bouteilles ou des batteries de Leyde. Il importe seulement de laisser un intervalle de 1 à 2^{cm} entre l'un des pôles de la machine et l'une des armatures, et de charger en laissant éclater chaque étincelle de charge, de même qu'on le fait avec les bobines d'induction, afin d'éviter que la bouteille ou la batterie ne puisse se décharger partiellement lors de l'association des condensateurs en surface pendant la rotation de l'appareil.

Dans ces conditions, les bouteilles ou batteries se chargent exactement comme avec une forte machine électrique et conservent très bien leur charge.

Cinq à six étincelles suffisent pour charger fortement une grande jarre. Une batterie de quatre bocaux se charge en quelques instants; car on obtient, même par une rotation très rapide de la machine, une série continue de puissantes étincelles.

293. En employant l'électromètre de Lane, de manière que la jarre se décharge spontanément au fur et à mesure pendant la rotation de la machine, de fréquentes étincelles, de 5^{cm} de longueur, éclatent entre les branches de l'excitateur et produisent un bruit très intense.

294. **Étincelles colorées.** — On observe quelquefois, en se plaçant dans certaines conditions, des étincelles d'un

jaune beaucoup plus vif que les étincelles ordinaires, et analogues à celles qui ont été obtenues par M. Teploff avec une machine électrique ([1]).

Voici les circonstances dans lesquelles nous les avons remarquées. On ferme le circuit de tension de la machine rhéostatique par une bouteille de Leyde de très petite surface, formée par un long tube de verre épais qu'une seule étincelle de la machine est plus que suffisante pour charger à saturation, et dont la distance des armatures, égale à $0^m,20$, est telle que la décharge ne peut se produire ([2]). En outre, l'armature extérieure est formée de deux anneaux métalliques séparés par une distance de 1^{cm} environ.

Des aigrettes apparaissent alors entre le premier anneau de l'armature extérieure et la tige libre au dehors qui communique avec l'armature intérieure. Mais, en même temps, on voit se produire, dans l'espace compris entre l'armature intérieure et le second anneau de l'armature extérieure, les étincelles jaunes dont il s'agit. Ces étincelles sont peu bruyantes; elles semblent éclater plutôt entre l'intérieur et l'extérieur du verre.

295. Ce genre d'étincelles nous paraît dû à une décharge partielle ou imparfaite au travers du verre et à l'action électrochimique qui en résulte.

La décharge n'est pas assez forte pour percer la substance isolante ([3]), et, d'autre part, la tension est telle, les arma-

---

([1]) *Journal de Physique*, t. VIII, 1879, p. 131.

([2]) Si cette distance n'est que de $0^m,14$ à $0^m,15$, l'étincelle éclate entre les armatures.

([3]) Les conditions sont prises à dessein de telle sorte que cet effet ne puisse avoir lieu, car deux étincelles suffisent quelquefois pour qu'une bouteille de petite surface, formée par un tube de verre épais, se trouve percée. Il serait possible néanmoins qu'il se produisît également une fêlure très fine ou un trou invisible.

tures étant chargées à saturation, qu'il faut que la recomposition électrique s'effectue plus ou moins complètement d'une manière quelconque. Il en résulte, dans ces conditions, un effet électrique de *quantité* condensé sur un point, effet plutôt ici *calorifique* que mécanique; par suite, une décomposition chimique d'une portion extrêmement petite de la substance interposée; et, comme cette substance est du verre, une incandescence du sodium qui donne à l'étincelle sa couleur jaune caractéristique.

296. La couleur rouge observée par M. Teploff avec des conducteurs humides, tels que des cordes mouillées, pourrait s'expliquer, selon nous, de la même manière, par l'incandescence d'une très faible quantité d'hydrogène mis en liberté.

En un mot, le verre ou les autres substances n'agiraient pas ainsi seulement comme corps diélectriques, mais en même temps aussi comme *électrolytes* à la surface.

297. Nous avons obtenu, du reste, des étincelles colorées aussi en rouge en chargeant, toujours à l'aide de la machine rhéostatique, des condensateurs à lame isolante mince en caoutchouc durci. Une ou deux étincelles suffisent pour les percer; et les étincelles résultant d'une charge incomplète, qu'on obtient ensuite, se présentent sous la forme d'une petite flamme rouge cylindrique sortant à la fois des deux côtés du trou du condensateur, et le dépassant de $0^{cm},5$ environ.

La couleur rouge est encore due ici, suivant nous, à l'hydrogène du caoutchouc durci, partiellement décomposé par le passage de la décharge dans ces conditions toutes particulières. L'extrême ténuité du trou formé permet une certaine accumulation d'électricité sur les armatures, et en même temps sa sortie en flux d'une quantité assez grande pour produire une action électrochimique.

298. **Auréole de lumière rouge dans le vide.** — L'étincelle de la machine rhéostatique illumine facilement les tubes de Geissler, ainsi que nous l'avons déjà mentionné (270), sans y produire de stratifications, à moins que le courant qui actionne la machine ne soit réduit à une tension relativement très faible.

La lumière enveloppe les deux électrodes et remplit plus complètement le tube que la lumière fournie directement par les 800 couples secondaires. Son apparence aux deux pôles n'offre pas de différence bien marquée.

Mais, si l'on fait traverser le tube à air raréfié par l'étincelle condensée dont nous venons de parler (293), en le disposant entre les branches de l'excitateur dans le circuit duquel est placée une bouteille de Leyde, on remarque que la lumière produite au pôle positif est entourée d'une auréole ou d'une frange d'un rouge vif.

299. Nous pensons qu'on peut expliquer encore cette coloration de la lumière dans le vide par l'incandescence de l'hydrogène provenant de la faible quantité de vapeur d'eau dont le tube en verre contient toujours quelques traces.

Quand l'étincelle de *tension* de la machine traverse le tube, la dissociation n'a pas lieu d'une manière sensible, parce que la *quantité* d'électricité manque. Mais, dès qu'il y a condensation, l'action électrochimique se produit et la coloration propre à l'hydrogène incandescent apparaît.

300. **Moyen d'évaluer de très petites quantités de matière ou de très courts intervalles de temps à l'aide de la machine rhéostatique.** — Nous avons décrit (274) une expérience destinée à montrer qu'on pouvait, à l'aide de la machine rhéostatique, épuiser complètement, sous forme d'effets statiques, une quantité limitée d'électricité dynamique. On chargeait une batterie secondaire pendant 15 secondes

seulement, on la faisait agir ensuite sur la machine, et cette faible charge transformée pouvait illuminer, d'une manière continue, un tube à air raréfié pendant plus de 15 minutes.

D'après le nombre de tours faits par la machine et le nombre d'étincelles obtenues à chaque tour du commutateur, on trouve ainsi que l'action de la pile primaire sur la batterie secondaire pendant 15 secondes correspond à la production d'environ 10 800 étincelles dans le vide.

Il en résulte que l'action de la pile pendant 1 seconde se trouve représentée, dans cette expérience, par 720 étincelles de la machine rhéostatique, ou, en d'autres termes, que la production d'une étincelle correspond à une durée d'action de la pile primaire de $1/720^e$ de seconde.

D'autre part, en introduisant un voltamètre dans le circuit de la pile primaire, nous avons reconnu que la charge prise par la batterie et rendue par la machine rhéostatique, sous forme de ces 10 800 étincelles, correspondait à une consommation de 18^{mg} de zinc dans la pile primaire.

Il s'ensuit que la dissolution ou le dépôt de 1^{mg} de métal peut être ainsi accusé par la production de 600 étincelles environ de la machine rhéostatique, ou, en d'autres termes, que la production d'une étincelle correspond à la consommation de $1/600^e$ environ de milligramme de métal dans la pile primaire.

On aurait donc là un moyen inattendu, en prenant pour unités des étincelles électriques, d'évaluer soit de très petites quantités de matière métallique dissoute ou déposée par voie électrochimique, soit de très courts intervalles de temps.

Le nombre d'étincelles produites dans l'air ou dans le vide par la machine rhéostatique est d'ailleurs facile à déterminer; car on connaît le nombre exact d'étincelles correspondant à chaque tour de la machine. On peut, en outre, la faire tourner aussi lentement qu'on veut et dépenser, en un temps quelconque, sous forme statique, l'effet produit en un temps très court par l'électricité dynamique.

301. Il est permis de conclure également de ces expériences que les faibles effets statiques de tension, manifestés directement par les pôles d'une pile d'un grand nombre d'éléments, ne doivent pas être considérés, ainsi qu'on l'avait cru d'abord ([1]), comme indépendants de l'action électrochimique produite dans la pile; qu'ils correspondent, au contraire, à une dépense électrochimique réelle, très minime sans doute, mais qui n'est pas absolument nulle, alors même que le circuit semble ouvert et qu'il s'agit d'une seule étincelle donnée avec l'électroscope condensateur ou bien d'une simple attraction ou répulsion ([2]).

302. **Machine rhéostatique de quantité.** — La machine rhéostatique peut donner aussi des effets statiques de

---

[1]) GASSIOT, *Philosophical Transactions*, 1844.

[2]) On conçoit difficilement, au premier abord, la production d'un effet électrochimique dans une pile dont le circuit n'est pas complètement fermé, mais il faut considérer que lorsqu'on met les deux pôles d'une pile en communication avec les armatures d'un électroscope condensateur, il s'exerce, au travers du corps isolant, une action spéciale équivalant à un passage imparfait et qui entraîne nécessairement une dépense chimique dans la pile. Nous avons vu, en effet, que si la pile est à haute tension, on aperçoit des *étincelles de charge* au moment où l'on met en relation la pile avec un système de condensateurs, et que l'on constate même une décomposition de l'eau d'un voltamètre placé dans le même circuit que les condensateurs (278). Ces effets montrent qu'il *y a passage* à un certain degré du courant de la pile, par suite, qu'il doit se produire, à son intérieur, une action chimique correspondante. Il en est de même, à un moindre degré, si un seul des pôles de la pile est mis en communication avec un électroscope condensateur, l'autre pôle étant en relation avec le sol, ou même si l'on ne fait qu'approcher de l'un des pôles un corps touchant le sol; car il y a toujours, entre les deux pôles de la pile, un intervalle rempli par l'air ambiant qui joue le rôle du milieu diélectrique d'un condensateur.

quantité, qui diffèrent notablement de ceux de *tension*, en maintenant tous les condensateurs associés en surface et en y adjoignant un autre petit commutateur spécial, destiné à recueillir les décharges, sans mélange avec les effets de la batterie secondaire.

Ce commutateur est formé par un petit cylindre en caoutchouc durci portant quatre bandelettes de cuivre, telles que *mn* et *op* opposées deux à deux, contre lesquelles

Fig. 85.   Fig. 86.

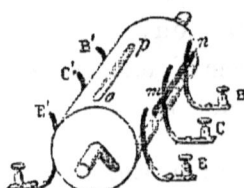 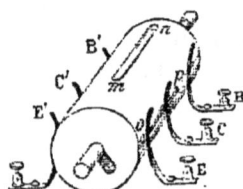

viennent frotter six ressorts BCE, B′C′E′ également opposés deux à deux (*fig.* 85 et 86).

La paire de ressorts BB′ communique avec la batterie secondaire; la paire CC′, avec les deux pôles de charge de la machine rhéostatique précédemment décrite (§ 260, *fig.* 74), tournée préalablement dans une position telle que les condensateurs se trouvent associés en *quantité*. La paire de ressorts EE′ communique avec un excitateur ou tout autre appareil dans lequel on veut faire passer les décharges.

Dans la position du commutateur représentée par la figure 85, les deux pôles de la batterie BB′ sont en relation par les languettes, telles que *mn*, avec les deux pôles de la machine rhéostatique CC′, et les condensateurs se chargent alors simultanément en quantité.

Dans la position du commutateur représentée par la figure 86, les pôles de la batterie sont en dehors de tout circuit, et les pôles de la machine rhéostatique chargée en quantité communiquent par les deux languettes opposées, telles que *op*, avec les ressorts EE′ du circuit de décharge.

Ce commutateur peut être animé d'un mouvement rapide de rotation pour produire une série presque continue de décharges statiques de *quantité*.

Ainsi, tandis que, dans la machine rhéostatique décrite précédemment, tous les condensateurs se chargent en *quantité* et se déchargent en *tension*, ici les condensateurs se chargent en *quantité* et se déchargent également en *quantité*, aussitôt après leur charge par la batterie secondaire, sans que le courant de cette batterie se mêle en aucune façon au circuit de décharge des condensateurs [1].

303. Le commutateur que nous venons de décrire, au Fig. 87.

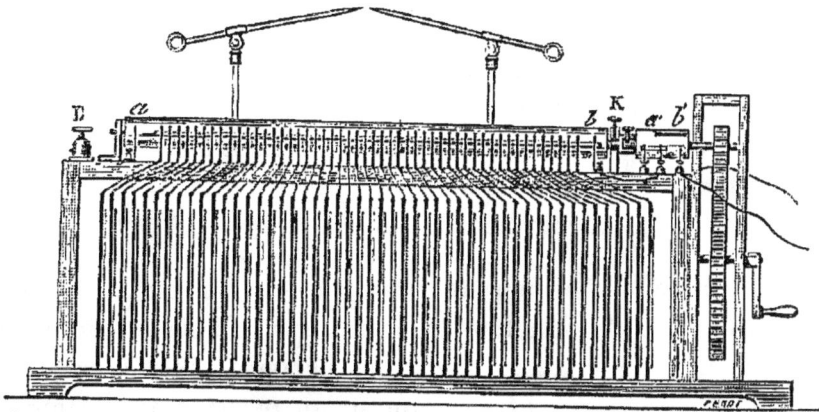

lieu d'être placé, avec un mouvement de rotation particulier, auprès de la machine rhéostatique au repos, peut être

[1] Parmi les expériences ou les dispositions d'appareils avec lesquelles la machine rhéostatique ainsi disposée en quantité peut offrir de l'analogie, nous rappellerons celles de M. Werner Siemens qui avait obtenu des déviations galvanométriques permanentes avec des condensateurs formés de diverses substances isolantes, successivement chargés à l'aide d'une bascule à vibration, par des éléments de Daniell, et avait déterminé, par cette méthode, le pouvoir inducteur de ces substances (*voir* G. Wiedemann, *Galvanismus*, 2ᵉ édition, t. I, p. 199; E. Mascart, *Traité d'Électricité statique*, t. II, p. 400).

adapté à la machine elle-même, en *a'b'* (*fig.* 87), de telle sorte qu'il puisse être mis en mouvement par le système de rotation de la machine, indépendamment du commutateur de quantité et de tension *ab*, maintenu au repos dans la position qui réunit tous les condensateurs en surface en serrant le bouton K.

Quand on veut au contraire se servir de la machine pour obtenir des effets de *tension*, on desserre le bouton K, on serre le bouton voisin pour réunir les axes des deux cylindres *ab* et *a'b'*, et l'on fait aboutir les fils de la batterie aux bornes du long commutateur. Les deux cylindres tournent ensemble : mais le plus court n'accomplit aucune fonction ; le premier réunit alors successivement les condensateurs en quantité et en tension.

304. Si l'on ne cherchait à obtenir que les effets de quantité, le cylindre *ab* serait supprimé, et la machine pourrait se réduire au petit commutateur *a'b'* sous lequel serait placée une pile verticale ou horizontale de condensateurs associés en surface.

305. **Étincelle statique de quantité.** — En mettant en communication la machine rhéostatique, disposée comme nous venons de le dire, avec une batterie secondaire de 4oo à 8oo couples (¹), et en donnant au petit commutateur

---

(¹) Afin de faciliter les moyens de répéter les expériences qu'on peut faire avec la machine rhéostatique de quantité ou de tension, nous indiquerons ici un moyen simple pour charger une pile de couples secondaires destinés à agir sur la machine, sans qu'il soit nécessaire d'employer des batteries spéciales à commutateurs composés de nombreux ressorts pour la charge et pour la décharge.

Ces couples peuvent être réduits, comme nous l'avons dit (note du paragraphe 273), à de petites lames en plomb, de quelques millimètres seulement de largeur. On les replie en forme de fourchettes ou de diapasons, en leur conservant une certaine longueur, à la partie supérieure pour pouvoir les saisir facilement.

On charge à la fois une centaine de ces petits couples en les dispo-

un mouvement rapide de rotation, on obtient ainsi une série continue d'étincelles bruyantes, mais très courtes (2 à 3/10es de millimètre), présentant l'apparence d'un point très brillant entouré d'une auréole de flamme et projetant, sous forme de rayons, des particules arrachées aux électrodes.

Ce genre d'étincelle, tout en offrant certaines analogies avec l'étincelle d'induction, présente un caractère particulier et produit des effets différents.

L'auréole est beaucoup plus développée, surtout à la partie supérieure du point lumineux, et ne nécessite pas l'insufflation pour être visible. Elle forme une couronne de 8 à 10^{mm} de diamètre.

306. Malgré leur origine statique et le bruit sec qu'elles produisent, ces étincelles ont une tension moindre que celles de la batterie secondaire elle-même.

---

sant, dans une cuve en gutta-percha étroite à deux compartiments, de 0^m,50 environ de longueur, à cheval sur la cloison séparatrice, comme le montre la figure 88, où, pour plus de clarté, on n'en a représenté

Fig. 88.

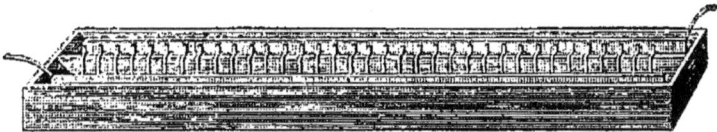

qu'un petit nombre. Deux longues lames de plomb y amènent le courant de quatre éléments de Bunsen ou de six éléments de Daniell. La force électromotrice nécessaire pour charger ce système doit être, en effet, double de celle qui suffit pour charger un seul couple secondaire.

Les petites lames se chargent, et si l'on prend soin de les *former*, comme nous l'avons indiqué (53), en changeant plusieurs fois le sens du courant, elles finissent par conserver une assez grande partie de la charge prise. Une fois chargées, on les plonge dans des tubes de verre bouchés, très rapprochés les uns des autres, et les petits couples secondaires ainsi constitués peuvent suffire à de nombreuses expériences avec la machine rhéostatique.

Leur longueur est en effet moindre que celle de l'étincelle produite directement dans l'air par la batterie secondaire de 800 couples (140). De plus, elles n'illuminent point des tubes à air raréfié que le courant de la batterie illumine directement. Il faut, pour obtenir avec ces étincelles la lumière dans le vide, réduire la distance des électrodes à 1 ou 2^{mm}.

307. Cette infériorité de tension de l'étincelle de quantité de la machine rhéostatique, par rapport à celle de la source d'électricité qui la charge, s'explique en comparant la charge d'un condensateur à celle d'un voltamètre ou d'un couple secondaire.

La force électromotrice inverse rendue par un appareil récepteur de l'action électrique, quel qu'il soit, condensateur ou couple secondaire, ne saurait être supérieure à celle de la source électrique elle-même.

Si, dans le cas d'un couple secondaire, l'effet principal est une action *chimique* sur les électrodes, par suite de l'électrolyse du liquide interposé, il y a, dans le cas du condensateur, une action *physique* correspondante exercée sur le milieu isolant qui les sépare.

De là, dans l'un et l'autre cas, une perte de tension du courant pendant la charge, et une tension inverse prise par l'appareil récepteur, nécessairement inférieure à celle du courant de charge.

308. La supériorité du bruit produit par l'*étincelle de quantité* des condensateurs de la machine rhéostatique sur celui de l'étincelle directe de la batterie secondaire peut s'expliquer de la manière suivante :

Le travail accompli par le courant d'électricité dynamique de haute tension sur un condensateur peut être considéré comme la mise en vibration des deux surfaces opposées d'une matière isolante, vibration qui s'exerce jusqu'à une certaine profondeur dépendant de la tension de la source ou de la nature de la substance. Ce mouvement vibratoire persiste un certain temps après la charge, de même que celui qui serait produit, par une action purement mécanique, sur un corps sonore. Lors de la décharge, le mouvement étant brusquement anéanti par le retour subit de la matière à l'état naturel, il en résulte un bruit particulier dans l'ensemble du circuit de décharge, dans l'étincelle et même dans la matière isolante. Or on conçoit que cet effet brusque de recomposition dans les molécules compactes d'un corps solide soit accompagné d'un bruit sec tout différent de celui qui résulte de la fermeture ou de l'ouverture du circuit d'une pile à haute tension, dans laquelle il n'y a point de corps solide isolant, mais une série de conducteurs liquides qui en forment la partie principale.

Ainsi le bruit de l'étincelle statique de quantité dont il s'agit, comparé à celui de l'étincelle directe de la batterie secondaire, malgré une tension moindre, nous paraît être le résultat de la nature particulière de la décharge, ou, plus exactement, de la nature de la matière isolante à laquelle le mouvement vibratoire électrique a été communiqué pendant la charge.

309. Effets calorifiques. — Le pouvoir calorifique de ces étincelles de *quantité* de la machine rhéostatique est naturellement plus grand que celui des étincelles de *tension* du même appareil. Des fils de platine ou d'acier, de o^m,10 à o^m,20 de longueur et de 1/10e à 1/20e de millimètre de diamètre, peuvent être rougis ou fondus, alors que les plus longues étincelles de tension les traverseraient avec trop de facilité pour y produire un échauffement sensible.

310. Effets mécaniques. — Les effets mécaniques produits sont très énergiques. Si l'on fait passer ces étincelles statiques de quantité dans un voltamètre rempli d'une solution saline, dont le pôle négatif est une électrode à la Wollaston et que les longues étincelles de tension traverseraient silencieusement, ce passage est accompagné d'un bruit très fort, semblable à une petite explosion; l'effet mécanique produit est si énergique, que le vase même du voltamètre se déplace et avance sur son support; le verre entre en vibration, et, si l'on fait tourner rapidement le commutateur, il en résulte une sonnerie ou un roulement très intense.

311. En disposant les communications de manière que la batterie secondaire agisse en même temps que le voltamètre par l'intermédiaire d'un contact imparfait, des interruptions continues se produisent spontanément et la sonnerie devient *automatique*. Un rythme quelconque donné à ces interruptions se répète avec une grande intensité dans le voltamètre, et il serait peut-être possible de tirer parti de ce fait dans la téléphonie.

312. **Bélier rhéostatique.** — La plupart des phénomènes que nous avons observés en employant des courants de haute tension se manifestent, à l'aide de ces décharges continues d'origine semi-dynamique et semi-statique, avec plus de facilité et une moindre tendance à se transformer en effets calorifiques. L'expérience, que nous avons désignée sous le nom de *pompe voltaïque* (148), se reproduit ici très nettement par une action surtout mécanique de la force électrique. Au lieu de s'élever sans interruption, comme avec un courant continu, l'eau monte par saccades ou par chocs d'autant plus rapprochés que les étincelles se succèdent plus rapidement, et l'appareil devient alors un véritable *bélier rhéostatique*.

Par une interruption continue du courant produite spontanément, comme dans le cas précédent, l'effet devient également *automatique*.

313. Nœuds de vibration formés dans un fil métallique traversé par le courant de quantité de la machine rhéostatique. — Le passage du courant de quantité de la machine rhéostatique dans des fils de platine très fins (de 1/20ᵉ de millimètre de diamètre) est accompagné d'effets mécaniques remarquables.

Dès qu'on tourne la machine, on voit apparaître, sur toute la longueur du fil (0ᵐ,40 environ), et à des distances semi-régulières, des plis à *angles vifs* formant comme une

Fig. 89.

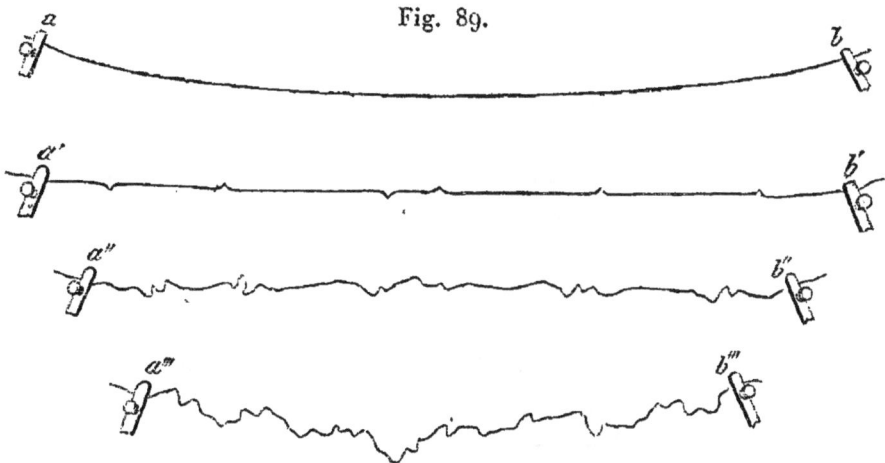

série d'accolades ou de *nœuds de vibration*. Le fil qui était à demi tendu se relève et passe de la forme *ab* à la forme *a'b'* (*fig.* 89).

Ces angles semblent presque régulièrement opposés de distance en distance; cependant on en voit souvent deux ou trois consécutifs dont le sommet est dirigé dans le même sens.

Si l'on continue de faire tourner la machine, après avoir toutefois rapproché les pinces entre lesquelles le fil est fixé, afin qu'il ne se tende pas au point de se rompre, de nouveaux plis apparaissent autour des angles déjà formés, et le fil prend la forme *a"b"*. Si on le raccourcit de manière à le réduire à $0^m,10$ de longueur, il rougit au blanc en offrant des angles très nombreux ou des sinuosités tellement accentuées $(a''' b''')$, qu'il présente l'aspect d'une étincelle électrique continue.

Dans ce dernier cas, il se trouve raccourci, après l'expérience, au point d'avoir perdu 5 à 6^{mm}, sur une longueur de 10^{cm} [1].

314. Il y a lieu de remarquer que, si le fil de platine est neuf et récroui par le travail de la filière, et s'il n'a pas été préalablement rougi directement par un courant ou une source calorifique quelconque, il se prête beaucoup moins facilement à la formation de ces nœuds de vibration. Cela montre que le courant doit exercer une lutte avec la cohésion moléculaire pour produire le phénomène.

315. **Variation de la distance des nœuds avec la tension du courant.** — Les distances auxquelles se forment ces *nœuds* ou *angles vifs*, si nettement accusés dès les premiers instants du passage du courant, et représentés en $a'b'$ (*fig.* 89), ne

---

[1] Ces phénomènes peuvent être rapprochés de ceux qui ont été observés par Nairne et par MM. Edmond Becquerel, Le Roux, Melsens, avec des décharges de batteries de Leyde, et de ceux qu'on remarque quand on fait rougir un fil long et fin à l'aide d'une pile d'un grand nombre d'éléments. Mais ils sont ici plus marqués et présentent d'autres caractères, en raison de la nature différente de la source électrique employée tenant à la fois de l'état dynamique et de l'état statique par la quantité et la tension de l'électricité en jeu.

Nairne avait observé que des fils métalliques soumis à des décharges d'électricité statique subissaient une diminution dans leur longueur.

M. Edmond Becquerel a trouvé que cette diminution était sensiblement proportionnelle au rapport inverse des cubes des diamètres des fils, et a observé, en outre, que les fils devenaient ondulés sous l'action de décharges fournies par deux batteries de Leyde de neuf bocaux. Les ondulations augmentaient de grandeur à mesure que les décharges se succédaient, sans jamais disparaître pour faire place à d'autres (E. Becquerel, *Traité d'Électricité*, 3 vol., t. I, p. 309).

dépendent point de la vitesse de rotation de la machine rhéostatique. Si la vitesse est très grande, elle ne fait que rendre moins complète la transformation du courant de la pile secondaire.

Mais ces intervalles entre les nœuds paraissent dépendre de la *tension* du courant. Ainsi, en diminuant de moitié le nombre des couples secondaires, agissant sur la machine rhéostatique, en les réduisant de 800 (nombre employé dans les expériences précédentes) à 400, de manière à avoir une différence de tension très marquée dans le courant de décharge rendu par la machine, nous avons trouvé que les distances entre les nœuds, qui étaient, dans le premier cas, de 1 à 2^{cm} (^{1}), varient, dans le second cas, de 2 à 3^{cm}.

L'amplitude de ce genre de vibrations longitudinales, produite par le courant électrique particulier dont il s'agit, semble donc augmenter à mesure que l'on diminue la tension du courant.

316. **Bruit dans le fil.** — Pendant que ce phénomène se passe, on entend, autour du fil, un bruit ou un craquement analogue à celui d'une étincelle qui se produirait dans le fil lui-même, bien que ce fil ne présente aucune solution de continuité.

317. Ce bruit produit dans le fil, sans l'intervention d'aucune action électromagnétique, est important à considérer. Il ne peut être dû qu'à l'ébranlement moléculaire résultant du passage du courant particulier de la machine qui a pour effet de déterminer de très brusques contractions et distensions de la matière des corps qu'il traverse.

(^{1}) Ces nœuds ne se forment pas en effet à des distances tout à fait égales, comme nous l'avons dit plus haut (313). Ils alternent, en général, de deux en deux, avec un intervalle plus court. Ainsi on voit succéder à deux intervalles ayant à peu près 2^{cm}, un intervalle n'ayant que 1^{cm}, et ainsi de suite. La recherche de la loi qui préside à ces divisions du fil mériterait une étude particulière.

Ce phénomène montre qu'un effet mécanique correspondant doit se produire dans l'intérieur de la matière
isolante des condensateurs qui sont ici la source du courant
traversant le fil, de même que les effets calorifiques ou
chimiques qu'on observe dans le circuit extérieur d'une
pile ne sont que la reproduction de ceux qui se passent
à l'intérieur de la pile elle-même. Telle serait donc
aussi la cause des bruits ou des sons que fait entendre
un condensateur au moment de sa charge ou de sa
décharge.

318. En même temps que le fil subit ces vibrations
d'apparence longitudinale dont l'effet est permanent et
reste visible, il en trouve d'autres transversales d'une
très grande amplitude qui l'agitent fortement.

319. Les vibrations longitudinales sont un effet mécanique du courant et ne doivent point être attribuées à sa
nature discontinue; car, si l'on fait passer dans le même fil
le courant direct de la batterie secondaire, rendu discontinu
par le même commutateur fonctionnant alors comme
simple interrupteur, on ne constate aucun changement
permanent dans la forme du fil (¹).

Les vibrations d'apparence transversale résultent, au
contraire, de l'effet calorifique produit par le courant alternativement établi ou interrompu; car, si l'on fait passer
dans le fil le courant de la batterie rendu discontinu, comme
précédemment, ces vibrations se manifestent, quoique moins
fortement, toutefois, qu'avec le courant de la machine
rhéostatique. Dans ce dernier cas, l'effet calorifique est

(¹) On a soin, dans ce cas, de diminuer beaucoup, par l'interposition d'une colonne d'eau, la quantité du courant de la batterie,
sans affaiblir sensiblement sa tension, pour qu'il ne puisse pas rougir
ou fondre le fil.

produit très brusquement et cesse de même par les décharges successives des condensateurs. Il en résulte que le fil s'abaisse en s'échauffant, se relève en se refroidissant et s'agite fortement sous l'influence du passage du courant.

320. **Fragilité acquise par le fil.** — Le fil devient très cassant à la suite du passage de ce courant. Si l'expérience dure plus de 2 minutes, il finit toujours par se rompre spontanément.

Cette tendance d'un fil à devenir cassant sous l'influence d'un courant électrique avait été déjà remarquée par Peltier et par d'autres observateurs. Mais elle était si faible avec les courants ordinaires de l'électricité dynamique qu'elle n'était pas tout à fait admise [1]. Ici, elle est évidente, toujours en raison de la nature particulière du courant employé.

321. **Conséquence relative aux paratonnerres.** — Si les décharges de cet appareil traversant un fil métallique fin peuvent y produire un changement de structure moléculaire tel qu'il se rompt spontanément au bout de quelques instants, le passage des courants de la foudre, qui réunissent à un bien plus haut degré la quantité et la tension électriques, doit produire sur de plus gros conducteurs, tels que les tiges ou les cordes en fer des paratonnerres, des effets tout à fait semblables.

Ces conducteurs peuvent donc devenir très cassants et offrir des modifications de structure invisibles, non seulement à la suite des chutes directes de foudre qu'ils ont pu subir, mais encore quand ils ont servi longtemps à

---

[1] E. Becquerel, *Résumé de l'histoire de l'Électricité et du Magnétisme,* p. 237.

l'écoulement silencieux de grandes quantités d'électricité
atmosphérique. Ils peuvent même avoir reçu un certain
nombre de décharges, sans qu'il se soit formé d'interruption appréciable à l'aide d'instruments électriques et se
trouver néanmoins dans un état tel de fragilité moléculaire
qu'une nouvelle et puissante décharge détermine la rupture
du conducteur, de même que dans les expériences décrites
ci-dessus.

Ainsi s'expliquent les accidents arrivés quelquefois avec
des paratonnerres en apparence irréprochables (¹).

322. **Conclusion tirée des phénomènes précédents relativement au mode de propagation de l'électricité.** — Les
phénomènes que nous venons de décrire (313 à 320) sont
de nature à jeter quelque jour sur le mode de propagation de l'électricité. Les vibrations moléculaires révélées
par les nœuds formés dans un fil métallique, par le bruit
perçu et par un changement notable de sa cohésion, sous
l'influence du passage du courant *dynamo-statique* que
nous venons d'étudier, doivent se produire à un moindre
degré dans les corps conducteurs traversés par des courants
électriques de moindre tension. Ces vibrations peuvent
être trop faibles pour être perceptibles, mais elles n'en sont
pas moins réelles.

Nous croyons donc pouvoir en conclure que le *mouvement
électrique* doit se propager dans les corps à la manière du
mouvement mécanique proprement dit, par une série de

(¹) Il peut donc être nécessaire de renouveler complètement un
conducteur de paratonnerre alors même qu'il semble offrir une conductibilité suffisante, s'il s'est trouvé exposé à de fréquents et violents
orages, de manière à être devenu *fragile* par le passage de grandes
quantités d'électricité. M. Callaud a eu l'occasion d'observer souvent
que les fils de câbles des paratonnerres devenaient très cassants, et
a attribué cet effet au passage de l'électricité (A. CALLAUD, *Traité des
paratonnerres*, p. 91).

vibrations très rapides de la matière plus ou moins élastique qu'il traverse.

Ces faits peuvent être également rapprochés de ceux que nous avons observés, lorsqu'un courant de haute tension débouche au-dessus de la surface de l'eau, et que celle-ci, entrant en vibration, présente une série de figures lumineuses remarquables, rappelant celles des plaques vibrantes dans les expériences d'acoustique (138).

On trouve donc dans ces phénomènes de nouvelles analogies entre le mouvement électrique et le mouvement vibratoire sonore, qui est lui-même un mouvement mécanique de la matière pondérable (¹).

323. Sur la réversibilité de la machine rhéostatique. — Si, au lieu de faire passer dans la machine rhéostatique un courant d'électricité dynamique pour obtenir des effets d'électricité statique, on la met, au contraire, en relation avec une source directe d'électricité statique, telle qu'une machine électrique, ou avec une autre machine rhéostatique en action, on obtient des indices de la transformation inverse, c'est-à-dire des traces d'électricité dynamique.

Dans ce cas, les pôles de tension de la machine rhéostatique sont mis en relation avec la source d'électricité statique, et les pôles de charge qui aboutissent à la pile communiquent avec un galvanomètre.

(¹) Nous avions été déjà conduit à ces conclusions, à la suite de l'observation des effets produits par des courants électriques de haute tension et nous avions considéré également la décharge électrique proprement dite comme un mouvement mécanique, mais plus particulièrement comme un mouvement de transport d'une très petite quantité de matière pondérable animée d'une très grande vitesse (*Comptes rendus*, t. LXXXVIII, p. 442. Extrait d'un pli déposé à l'Académie des Sciences, le 17 juin 1877, et ouvert le 3 mars 1879).

Si le commutateur de la machine rhéostatique est maintenu au repos dans une position telle que tous les condensateurs se trouvent associés en tension, la machine électrique les charge ainsi en tension, ou en cascade, alors même qu'ils sont en assez grand nombre, à cause de la faible épaisseur des lames de mica. Quand on tourne ensuite le commutateur, l'aiguille du galvanomètre accuse, par un mouvement brusque, dans un sens déterminé, le courant dynamique produit par la décharge de tous les condensateurs associés en quantité. Cet ensemble de condensateurs à lame isolante très mince, ayant une très grande surface, joue le rôle d'un couple voltaïque qui aurait toutefois une grande résistance, en raison de la nature même du milieu qui en sépare les électrodes.

Si l'on met en mouvement à la fois les deux machines électrique et rhéostatique, la machine électrique ne charge pas assez vite les condensateurs pour qu'on puisse observer une déviation sensible de l'aiguille; mais l'introduction, dans le circuit, d'un téléphone comme galvanomètre, révèle, par un bruissement, le passage d'un courant discontinu de faible intensité.

Dans le cas où l'on emploie deux machines rhéostatiques, l'une comme source d'électricité statique, l'autre comme récepteur pour obtenir de l'électricité dynamique, les effets sont plus marqués.

La machine rhéostatique peut donc être considérée comme réversible, ainsi que le sont d'ailleurs la plupart des appareils destinés à la transformation des forces. Mais les générateurs d'électricité statique fournissent une si faible quantité d'électricité, qu'en la supposant même complètement transformée en électricité dynamique, le courant obtenu aurait trop peu d'intensité pour pouvoir être avantageusement utilisé. Nous nous bornerons à mentionner ces résultats pour donner un nouvel exemple des liens qui existent entre les divers modes de manifes-

tation du mouvement électrique, et pour montrer la possibilité de les transformer, par les moyens les plus variés,
les uns dans les autres ([1]).

([1]) Les paragraphes 275 à 323, inclusivement, sont extraits d'une
Note publiée le 14 juillet 1879 (*Comptes rendus*, t. LXXXIX, p. 76 à 80)
et d'un fascicule présenté à l'Académie des Sciences le 6 octobre 1879
(*Comptes rendus*, t. LXXXIX, p. 605).

SIXIÈME PARTIE.

ANALOGIES ENTRE LES PHÉNOMÈNES ÉLECTRIQUES ET LES EFFETS PRODUITS PAR DES ACTIONS MÉCANIQUES. — CONSÉQUENCES RELATIVES A LA NATURE DE L'ÉLECTRICITÉ.

> « ...Convertenda plane est opera ad inquiren-
> das et notandas rerum similitudines et analoga,
> tam in integralibus quam partibus : illæ enim
> sunt, quæ naturam uniunt, et constituere scientias
> incipiunt » (BACON, *Novum Organum*, lib. II, § 27).

324 ([1]). Dès les premières observations que nous avons faites en soumettant à l'action de courants électriques de haute tension des corps doués d'une grande mobilité moléculaire, tels que les liquides (129) ([2]), nous avons été frappé des analogies que présentaient les phénomènes produits avec ceux qui résultent de l'action sur les mêmes corps de la force mécanique proprement dite, particulièrement quand cette forme est représentée par une grande vitesse communiquée à une petite masse de matière ([3]).

([1]) Les paragraphes 324 et 342 inclusivement ont fait l'objet d'un fascicule présenté à l'Académie des Sciences, le 20 octobre 1879 (*Comptes rendus*, Bulletin bibliographique, t. LXXXIX, p. 673).

([2]) *Comptes rendus*, 5 mai et 26 juillet 1875.

([3]) Nous avons déjà signalé un certain nombre de ces analogies dans le cours de nos recherches; mais nous croyons utile maintenant de les grouper et d'en tirer quelques conséquences.

Les rapports qui existent entre les deux ordres de phénomènes nous ont paru plus visibles dans ces expériences
que dans celles de l'électricité statique, parce que nous
avons mis en jeu une plus grande quantité de matière
électrisée, et plus manifestes aussi qu'avec des courants
électriques ordinaires, parce que nous avons employé une
plus grande tension.

Mais, une fois ces analogies reconnues, on les retrouve
facilement, à un degré plus ou moins marqué, dans presque
tous les phénomènes de l'électricité statique ou dynamique.

325. Si l'on choisit, parmi les phénomènes que nous
avons décrits, ceux dans lesquels ces analogies sont le plus
frappantes, on peut citer, en premier lieu, le phénomène
des *ondes lumineuses*, produites au sein d'un liquide, autour
de l'extrémité d'une électrode, appuyée contre les parois
d'un voltamètre, et par laquelle débouche un courant
électrique d'une grande tension (157).

Le mouvement violent imprimé au liquide, arrêté par
les parois du voltamètre, porte le verre à une température
assez élevée pour qu'il se forme des cercles lumineux [1];
et, lorsque la quantité et la tension du courant sont suffisantes, il se forme également, au sein du liquide lui-même,
des ondes lumineuses.

On trouve donc, dans ces phénomènes, une image modi-
fiée seulement par la production d'effets calorifiques et
lumineux, des ondes formées à la surface d'un liquide par
le choc d'une masse matérielle.

Les figures lumineuses très variées, produites par un
courant d'une tension plus grande encore que dans le cas
précédent venant frapper la surface d'un liquide (138), sont
tout à fait analogues, pour la forme, à celles qui sont

---

[1] Dans cette expérience, les ondes produites restent même gravées
sur le verre sous forme d'anneaux concentriques.

engendrées par la chute de gouttes liquides à la surface
d'un liquide. Si l'on compare les figures que nous avons
observées avec celles qui ont été obtenues, en particulier
par M. Worthington (¹), on en trouve qui sont presque
identiques. Nous avons mentionné aussi l'analogie de
ces figures avec celles qui résultent de la vibration des
plaques sonores (322).

Nous rappellerons enfin que les stratifications de la
lumière électrique dans le vide, observées par MM. Abria,
Grove, etc., qui présentent, dans des récipients d'un diamètre
suffisant, des courbures très marquées, ont été déjà assimilées par Gassiot, de la Rive, etc., aux ondes produites
par l'ébranlement mécanique d'un liquide.

326. Le phénomène de la *gerbe d'eau pulvérisée* produite par un courant électrique de haute tension (143) a
son analogue dans la *pulvérisation* mécanique d'un liquide
par l'action d'un jet d'air comprimé, n'agissant à la fois
que sur une très petite portion de sa surface (*Appareils
pulvérisateurs*).

327. Les phénomènes d'*aspiration*, produits par l'écoulement d'un flux électrique de haute tension (*pompe voltaïque,
bélier rhéostatique*), sont analogues à ceux qui résultent
du passage, dans un tube étroit, d'un courant de liquide
ou d'un jet de vapeur animé d'une grande vitesse [*Tube
de Venturi, injecteur de Giffard* (²)].

(¹) *Proceedings of the Royal Society*, t. XXV, 1876, p. 261 ; *La Nature*,
5ᵉ année, 2ᵉ semestre, septembre 1877, p. 236.
(²) Ces phénomènes offrent aussi une grande analogie avec les effets
d'aspiration observés récemment par M. D. Colladon le long des
cascades : « ...On distingue de petites gerbes formées par des milliers
de perles liquides animées d'une vitesse absolue notable, *en sens contraire* de celles de l'eau de la cascade, et remontant rapidement vers le
sommet » (*Comptes rendus*, t. LXXXIX, p. 286; *Les Mondes*, 25 septembre 1879, p. 147).

17.

328. L'action à la fois mécanique, calorifique et chimique, produite par un courant électrique d'une certaine tension à la surface du verre et qui nous conduit à la *gravure sur verre par l'électricité* (161), peut être comparée à l'action exercée sur cette substance par un jet extrêmement fin de sable lancé sous une forte pression, et qui est appliquée depuis quelques années, en Amérique, pour la gravure sur verre.

329. Les *renflements ou grains lumineux* formés le long d'une colonne de matière, traversée par un fort courant électrique, soit lors de la fusion d'un fil métallique (§ 99, *fig.* 23), soit lors de l'incandescence d'un filet d'air raréfié par une puissante décharge d'électricité atmosphérique (§ 188, *Éclairs en chapelet*), offrent une très grande analogie avec les phénomènes qui accompagnent l'écoulement d'une veine liquide par un orifice étroit sous une certaine pression.

330. Les *nœuds de vibration*, formés dans un fil métallique par le courant électrique, d'origine à la fois dynamique et statique, que nous avons étudié précédemment (313) montrent, comme nous l'avons déjà fait remarquer, l'analogie qui existe entre le courant électrique et le mouvement vibratoire sonore déterminé par une action purement mécanique.

331. L'expérience que nous avons décrite (§ 271) et qui consiste à *amorcer* un tube d'air raréfié de manière à y provoquer l'écoulement lumineux du flux électrique, en augmentant la tension du courant de la batterie secondaire par l'addition momentanée du courant de la machine rhéostatique, est analogue à l'effet bien connu dans la mécanique des fluides, qui consiste à *amorcer* un siphon en provoquant, par aspiration, l'écoulement du liquide.

Cette analogie peut être rendue plus frappante encore.

Il suffit d'approcher du tube un bâton de résine ou d'ébonite électrisé et de le retirer brusquement pour que la lumière apparaisse aussitôt dans le tube. On produit ainsi une sorte d'aspiration sur l'extrémité de l'une des électrodes, qui, s'ajoutant à la tension déjà élevée du courant, détermine l'apparition du flux lumineux.

Quand on étudie de plus près le phénomène, on reconnaît que l'effet s'exerce principalement, dans ce cas, sur l'électrode positive. Avec un corps chargé d'électricité positive, on provoque, au contraire, l'illumination en l'approchant de l'électrode négative. Si l'on emploie un corps électrisé présentant une assez grande surface, cet effet domine, et nous avons pu déterminer ainsi l'illumination continue d'un tube de Geissler par une batterie secondaire de sept cents couples, en approchant le plateau métallique d'un électrophore à $1^m,5o$ de distance (¹).

332. Si l'on considère maintenant, à ce même point de vue, les effets les plus connus de l'électricité statique ou dynamique, on y trouve de nombreuses analogies avec les effets produits par la force mécanique, surtout quand on les compare, comme nous venons de le faire, avec les actions mécaniques, dans lesquelles la vitesse joue un plus grand rôle que la masse de matière en mouvement.

C'est ainsi qu'on trouve de grandes ressemblances entre les perforations produites par l'électricité et celles que produisent des projectiles animés d'une grande vitesse; — entre les effets calorifiques obtenus par l'électricité et ceux qui résultent du choc mécanique proprement dit; — entre

_____

(¹) Ces phénomènes peuvent être rattachés à ceux qui ont été observés par MM. William Spottiswoode et Fletcher Moulton dans leurs recherches sur l'état de sensibilité (*sensitive state*) des décharges électriques au travers des gaz raréfiés, où l'on trouve de nombreux exemples d'effets auxiliaires (*relief-effects*) exercés sur la lumière électrique dans le vide (*Philosophical Transactions*, 1ʳᵉ Partie, 1879, p. 165).

les mouvements gyratoires de réaction produits par l'écoulement de l'électricité (tourniquets électriques, etc.) et ceux auxquels peut donner naissance l'écoulement d'un liquide, d'une vapeur ou d'un gaz comprimé (tourniquets hydrauliques, etc.).

333. On obtient, par voie mécanique, des effets de division de la matière poussée à l'extrême et comparables aux effets du même genre fournis par l'électricité, en employant, comme force, des corps animés d'un mouvement très rapide.

Un jet de vapeur sous forte pression lancé contre le laitier des hauts fourneaux le divise en filaments innombrables et en forme une sorte de laine minérale. De même la matière animée du mouvement électrique divise à l'infini toute autre matière qu'elle rencontre sur son passage.

334. On est parvenu, dans ces derniers temps, à couper de l'acier trempé avec un disque de fer animé d'une grande vitesse (¹); or, pendant cette opération, « il se dégage un jet continu d'étincelles d'acier qui paraissent chauffées à blanc; cependant la main peut traverser impunément ce jet, et une feuille de papier interposée n'est ni brûlée ni noircie. Ces parcelles paraissent être dans l'état sphéroïdal; refroidies, elles ont la forme d'un cône allongé ressemblant à des stalagmites; l'acier a été réellement fondu ».

On trouve dans ces effets mécaniques de nouvelles analogies avec les phénomènes mécaniques, calorifiques et même physiologiques de l'électricité. L'étincelle électrique ordinaire, malgré sa température si élevée, ne brûle point à cause de la petite quantité de matière pondérable en jeu; de même ici l'acier, quoique fondu, ne brûle pas non plus

---

(¹) Ce résultat a été obtenu à l'aide d'une machine construite par M. Jacob Reese (voir *Bulletin de l'Association scientifique de France*, 6 novembre 1876, p. 77).

à cause de son état d'extrême division, et, par suite, de son très rapide refroidissement.

335. Les phénomènes d'attraction et de répulsion, qui semblent si caractéristiques de l'électricité, peuvent être imités à l'aide d'un jet d'air fortement comprimé, s'échappant par un orifice extrêmement étroit. Des balles de diverses substances, même métalliques, peuvent être tenues en équilibre, attirées ou repoussées par ce jet d'air à haute pression, suivant leur distance à l'orifice, leur densité, etc. ([1]).

Des travaux récents de M. Bjerknes ont montré la possibilité d'obtenir aussi, par d'autres moyens purement mécaniques, des attractions et répulsions électriques ([2]).

MM. Dvorak et Mayer ont observé, d'autre part, des phénomènes particuliers de répulsion à l'approche de corps en vibration ([3]).

336. **Conséquences relatives à la nature de l'électricité.** — Les analogies qui viennent d'être énumérées permettent, croyons-nous, de considérer l'électricité comme un mouvement purement mécanique de la matière pondérable.

Ce mouvement consiste dans l'écoulement très rapide ou transport d'une très petite quantité de matière, s'il s'agit de l'étincelle électrique, de l'arc voltaïque ou de la décharge électrique en général.

337. Le mouvement électrique peut donner naissance à des mouvements *gyratoires*, de même que le mouvement

---

([1]) Ces expériences ont été faites à l'Exposition universelle de 1878 par M. Westinghouse à l'aide des réservoirs à air comprimé employés pour ses freins.

([2]) *Comptes rendus*, t. LXXXVIII, p. 165 et 280, et t. LXXXIX, 1879, p. 134.

([3]) *Philosophical Magazine*, 5e série, t. VI, p. 225; *Journal de Physique*, t. VIII, 1879, p. 25.

mécanique proprement dit, par un effet de réaction dû
à l'écoulement de la matière, en si minime quantité qu'elle
soit, qui s'échappe des corps électrisés (¹).

338. Le mouvement électrique peut devenir *vibratoire*,
de même que le mouvement mécanique, *lorsque la matière
pondérable résultant de la décharge rencontre un corps d'une
élasticité particulière qui lui permet de transmettre le choc
reçu dans toute sa masse.*
Cette élasticité particulière constituerait la *conductibilité*
électrique. Il n'y a pas alors transport de matière pondérable dans toute la longueur du corps conducteur, mais
*propagation par des vibrations semblables à celles du mouve-
ment sonore ou du mouvement transmis à une série de billes
élastiques.* Le phénomène du jet de matière pondérable
peut se produire aussi à l'extrémité du conducteur, s'il y a
solution de continuité ou changement de milieu.

339. Cette transformation en mouvement vibratoire peut
avoir lieu, à un certain degré, dans la décharge électrique
elle-même au travers d'un milieu imparfaitement conducteur, tel que l'air ordinaire ou l'air raréfié. Il y a alors
tout à la fois transport et mouvement vibratoire (²). Les
dépôts métalliques formés dans les tubes à gaz raréfiés
y attestent le transport de la matière arrachée aux électrodes; les stratifications témoignent du mouvement vibratoire.

340. Le mouvement très rapide de matière pondérable qui constitue la décharge électrique provoque, comme

---

(¹) Cette matière n'est point la *matière électrique* comme on le
croyait autrefois, mais de la *matière électrisée* empruntée à la fois au
corps lui-même, d'où elle se détache, et au milieu qu'elle traverse.

(²) C'est ce double effet qui donne souvent aux phénomènes électriques une apparence si complexe.

nous l'avons dit (§ 327), de même que le mouvement rapide d'un fluide, une *aspiration* ou *mouvement inverse* des particules de la matière qui reçoit le choc électrique, ou de celle qui forme le milieu traversé par la décharge.

De là un double mouvement dans deux sens différents, par suite un double transport de matière pondérable. C'est à ce double mouvement que sont dus les effets produits dans la décharge électrique par ce qu'on est convenu d'appeler l'*électricité positive* et l'*électricité négative*.

On pourrait substituer peut-être à ces expressions qui semblent impliquer deux sortes d'électricité les termes de *mouvement électrique direct* et de *mouvement électrique inverse*.

341. Quant aux phénomènes produits par l'électricité dite statique, nous les considérons comme dus à un état vibratoire des molécules de la surface des corps électrisés, accompagné d'une émission plus ou moins abondante de particules matérielles détachées de cette surface, suivant les conditions dans lesquelles se trouvent placés les corps électrisés par rapport au milieu environnant ([1]).

Le phénomène de l'aigrette est une manifestation caractéristique de cette émission de matière pondérable. L'aigrette se produit toujours, en effet, à un plus ou moins haut degré, sur divers points d'un corps fortement électrisé; la moindre rugosité de la surface peut la faire naître. Ce phénomène révèle donc l'état continuel de décharge obscure dans lequel peut se trouver un corps chargé d'électricité statique.

On peut dire aussi que cette émission est d'autant plus marquée que le corps électrisé se trouve plus voisin d'un autre corps qui ne l'est pas et qui sert, en quelque sorte,

---

([1]) Les anciens électriciens, notamment Boyle, Hauksbec, etc., avaient déjà admis un effluve matériel s'échappant des corps électrisés. Cette idée nous paraît encore juste aujourd'hui en y ajoutant un mouvement vibratoire moléculaire de la surface de ces corps.

de cible aux projectiles formés par les molécules du corps électrisé ([1]).

342. Pour résumer en quelques mots les vues exposées ci-dessus, nous pensons que *l'électricité peut être considérée comme un mouvement de la matière pondérable, — mouvement de transport d'une très petite masse de matière animée d'une très grande vitesse, s'il s'agit de la décharge électrique, — et mouvement vibratoire très rapide des molécules de la matière, s'il s'agit de sa transmission à distance sous la forme dynamique ou de sa manifestation sous la forme statique à la surface des corps.*

---

[1] Nous avons eu l'occasion de signaler plusieurs fois, dans nos recherches avec des courants de haute tension, en 1875, les effets calorifiques et lumineux résultant de ces chocs moléculaires. Les expériences que M. Crookes a fait connaître en 1878 en offrent aussi de nombreux et brillants exemples.

FIN.

TABLE DES MATIÈRES.

PREMIÈRE PARTIE.

Sur l'accumulation et la transformation de la force de la pile voltaïque à l'aide des courants secondaires.

CHAPITRE PREMIER.

RECHERCHES SUR LES COURANTS SECONDAIRES.

	Pages.
Historique. — Courants secondaires. — Polarisation voltaïque...	I
Étude des courants secondaires produits par divers voltamètres. — Appareils employés	5
Résultats généraux de cette étude	7
Voltamètre à fils de cuivre et à eau acidulée par l'acide sulfurique	9
Voltamètre à fils d'argent	13
Voltamètre à fils d'étain	14
Voltamètre à fils de plomb	15
Voltamètre à fils d'aluminium	18
Voltamètre à fils de fer et de zinc	19
Voltamètre à fils d'or	21
Voltamètre à fils de platine	21
Voltamètres à eau acidulée saturée de bichromate de potasse	25
Conclusions	26

CHAPITRE II.

ACCUMULATION DE LA FORCE DE LA PILE VOLTAÏQUE,
A L'AIDE DE COUPLES SECONDAIRES A LAMES DE PLOMB.

Conséquence tirée des recherches précédentes	29
Couple secondaire à lames de plomb en spirale	30
Batterie secondaire de grande surface	31

Pages.

Couples secondaires à lames de plomb parallèles.............. 32

Dernière disposition des couples secondaires à lames de plomb.. 35

Actions chimiques produites dans les couples secondaires à lames
de plomb.. 39

Formation ou préparation électrochimique des couples secondaires à lames de plomb............................... 42

Absorption des gaz pendant la charge des couples secondaires... 47

Entretien des couples secondaires.......................... 49

Effets produits par les couples secondaires à lames de plomb.... 49

Effets calorifiques....................................... 50

Effets magnétiques....................................... 51

Développement de l'ozone dans les couples secondaires et les
voltamètres à lames de plomb.......................... 52

Voile d'oxyde produit, au pôle positif, pendant la décharge des
couples secondaires................................... 54

Durée de la décharge des couples secondaires................ 55

Constance du courant secondaire pendant la décharge.......... 56

Conservation de la charge prise par les couples secondaires..... 58

Résidus fournis par les couples secondaires.................. 60

Intensité d'un couple secondaire croissant, par le repos, après la
charge 61

Force électromotrice des couples secondaires à lames de plomb.. 62

Résistance des couples secondaires à lames de plomb.......... 64

Force électromotrice que doit avoir le courant primaire, pour
charger les couples secondaires......................... 66

Limite de la charge que peuvent prendre les couples secondaires. 66

Couple secondaire chargé par une pile thermo-électrique....... 67

Couple secondaire chargé et déchargé à l'aide de la machine
Gramme.. 68

Analogies diverses que présentent les couples secondaires....... 70

Rendement des couples secondaires......................... 72

CHAPITRE III.

TRANSFORMATION DE LA FORCE DE LA PILE VOLTAÏQUE
A L'AIDE DE BATTERIES SECONDAIRES A LAMES DE PLOMB.

Historique; moyens divers employés pour augmenter la force
électromotrice de la pile.............................. 74

Batterie secondaire de tension à lames de plomb parallèles..... 76

Pages.

Batterie secondaire de tension, formée de couples à lames de plomb en spirale.................................... 77
Effets produits par les batteries secondaires à lames de plomb... 83
Batterie secondaire de quantité et de tension de grande surface. 84
Batterie secondaire à lames de plomb pour effets de tension continus.. 85
Instructions relatives à l'usage des batteries secondaires........ 85
Rendement. — Analogies.................................. 89

DEUXIÈME PARTIE.

Applications.

Application à la galvanocaustie............................ 91
Application à l'éclairage des cavités obscures du corps humain et des cavités obscures en général........................ 95
Application à l'inflammation des mines, etc................. 96
Application aux usages domestiques; briquet de Saturne....... 99
Application aux freins électriques pour chemins de fer........ 105
Application à l'analyse eudiométrique de l'air des mines........ 106
Application à la production de signaux lumineux............. 106
Application à la production de la lumière électrique, dans quelques cas particuliers............................... 108
Application à la division de la lumière électrique............. 108
Application des effets physiologiques produits par les batteries secondaires 109
Applications diverses.................................... 109

TROISIÈME PARTIE.

Effets produits par des courants électriques de haute tension.

CHAPITRE PREMIER.

Emploi des batteries secondaires pour l'étude de ces effets..... 113
Expérience sur la gaine lumineuse avec un courant d'intensité décroissante 115
Changement de couleur de la gaine lumineuse suivant la tension du courant.. 116

Pages.

Batteries de 200 à 800 couples secondaires employées pour l'étude
des effets électriques de haute tension...................... 118
Globules liquides lumineux................................ 122
Flammes globulaires, aigrette voltaïque et figures lumineuses.. 125
Étincelle électrique ambulante............................. 129
Gerbe de globules aqueux.................................. 132
Jets de vapeur... 134
Veine liquide électrisée; mouvement gyratoire............... 135
Mascaret électrique....................................... 136
Pompe voltaïque.. 140
Cônes liquides... 140
Détonations produites à l'extrémité de l'électrode positive...... 140
Lumière électrosilicique................................... 143
Couronnes, arcs, rayons et mouvements ondulatoires.......... 146
Spirales électrodynamiques................................ 148
Perforations cratériformes................................. 152

CHAPITRE II.

GRAVURE SUR VERRE PAR L'ÉLECTRICITÉ.
APPLICATIONS DIVERSES.

Gravure sur verre par l'électricité......................... 154
Sondage ou forage électrique............................. 156
Applications diverses..................................... 158

QUATRIÈME PARTIE.

Analogies des effets précédemment décrits avec les phénomènes naturels. — Conséquences qui peuvent en résulter pour la théorie de ces phénomènes.

CHAPITRE PREMIER.

ANALOGIES AVEC LA FOUDRE GLOBULAIRE.

Sur la nature des globes fulminants....................... 159
Sur le mode de formation des globes fulminants............. 160
Sur la lumière émise par les globes fulminants.............. 162

Pages.

Sur le bruissement qu'ils font entendre...................... 164
Sur leur mouvement gyratoire............................. 165
Sur la chute de globes fulminants disparaissant immédiatement. 165
Sur la marche lente des globes fulminants................... 165
Sur les détonations qui accompagnent l'apparition ou la dispa-
 rition des globes fulminants............................. 168
Sur l'action des paratonnerres à pointes multiples dans les cas
 de foudre globulaire.................................... 170
Cas de foudre globulaire à Paris en 1876................... 171
Éclairs en chapelet.. 173
Sur leur mode de formation et sur leurs rapports avec la foudre
 globulaire 177

CHAPITRE II.

ANALOGIES AVEC LE PHÉNOMÈNE DE LA GRÊLE.
SUR LA FORMATION DE LA GRÊLE.

Sur le mode de formation de la grêle....................... 182
Sur le rôle des effets mécaniques et calorifiques de l'électricité
 dans la production de la grêle.......................... 183
Sur le vent, le bruissement, les éclairs avec ou sans tonnerre qui
 accompagnent la grêle.................................. 185
Sur la grêle produite sans manifestations électriques apparentes. 186
Sur la courte durée des chutes de grêle.................... 186
Sur les bandes de grêle et de pluie........................ 187
Sur les intermittences et les recrudescences dans la chute de la
 grêle 187
Sur la forme et la lueur des grêlons....................... 188
Sur leur structure interne et leur grosseur................. 189
Sur les tourbillons de grêle et sur la cause du mouvement gyra-
 toire 189
Conclusion.. 191

CHAPITRE III.

ANALOGIES AVEC LES TROMBES.
SUR LA FORMATION DES TROMBES ET DES CYCLONES.

Sur les effets lumineux, le bruissement, les jets de vapeur, etc.,
 qui accompagnent les trombes.......................... 193
Sur le mouvement gyratoire des trombes et des cyclones........ 194

Pages.

Sur les trombes de poussière en spirale et les éclairs en spirale.. 195
Sur les trombes produites sans phénomènes électriques apparents. 196
Sur le signe électrique des trombes.......................... 196
Sur la cause de la chute des trombes........................ 196
Sur l'analogie des raz de marée et des seiches avec l'expérience
    du mascaret électrique................................. 197
Sur les phénomènes d'aspiration des trombes et leur analogie
    avec l'expérience de la pompe voltaïque.................... 198
Conclusion.. 198

CHAPITRE IV.

ANALOGIE AVEC LES AURORES POLAIRES.
SUR LA FORMATION DES AURORES POLAIRES ET SUR L'ORIGINE
DE L'ÉLECTRICITÉ ATMOSPHÉRIQUE.

Sur les effets lumineux, les couronnes, les arcs à rayons et à
    mouvement ondulatoire................................. 199
Sur le segment obscur des aurores polaires.................. 200
Sur la fluctuation de la lumière............................ 201
Sur les chutes de pluie ou de neige et le vent qui accompagnent
    les aurores polaires.................................. 201
Sur le bruissement des aurores polaires..................... 202
Sur les perturbations magnétiques.......................... 202
Sur le signe de l'électricité des aurores polaires.............. 202
Sur le sens de la décharge de l'électricité dans les aurores polaires. 203
Sur l'origine de l'électricité atmosphérique.................. 203
Conclusion.. 204

CHAPITRE V.

ANALOGIES AVEC LES NÉBULEUSES SPIRALES...... 208

CHAPITRE VI.

ANALOGIES AVEC LES TACHES SOLAIRES,
SUR LA CONSTITUTION PHYSIQUE DU SOLEIL....... 211

CINQUIÈME PARTIE.

Machine rhéostatique.

	Pages.
Description de la machine rhéostatique	217
Effets produits par la machine rhéostatique	220
Forme en crochet de l'étincelle et de l'aigrette	221
Lumière dans le vide	223
Sur la possibilité d'obtenir des effets de la machine rhéostatique avec un courant d'une tension moins grande	225
Transformation complète, à l'aide de la machine rhéostatique, d'une quantité déterminée d'électricité dynamique emmagasinée par une batterie secondaire	226
Variation de la longueur de l'étincelle avec le nombre de condensateurs et avec la tension du courant	226
Construction d'une grande machine rhéostatique	227
Étincelles produites dans diverses conditions	230
Forme des étincelles produites par la grande machine rhéostatique	232
Arborisations produites par le passage des étincelles sur la fleur de soufre	234
Figures de Lichtenberg produites par les étincelles et les aigrettes de la machine rhéostatique	238
Condensation des étincelles	241
Étincelles colorées	241
Auréole de lumière rouge dans le vide	244
Évaluation de très petites quantités de matière ou de très courts intervalles de temps à l'aide de la machine rhéostatique	244
Conclusion des observations précédentes	246
Machine rhéostatique *de quantité*	246
Étincelle statique de quantité	249
Observation sur le bruit de cette étincelle	250
Effets calorifiques	252
Effets mécaniques	252
Bélier rhéostatique	253
Nœuds de vibration formés dans un fil métallique traversé par le courant de quantité de la machine rhéostatique	254
Variation de la distance des nœuds avec la tension du courant	255
Bruit dans le fil	256

Pages.

Fragilité acquise par le fil................................ 258
Conséquence relative aux paratonnerres..................... 258
Conclusion tirée des phénomènes précédents relativement au
  mode de propagation de l'électricité...................... 259
Sur la réversibilité de la machine rhéostatique............. 260

SIXIÈME PARTIE.

Analogies entre les phénomènes électriques
et les effets produits par des actions mécaniques.

Analogies particulières entre les phénomènes produits par des
  courants de haute tension et les effets produits par des actions
  mécaniques 263
Analogies entre divers phénomènes de l'électricité statique ou
  dynamique et les effets produits par des actions mécaniques.. 267
Conséquences relatives à la nature de l'électricité.............. 269

FIN DE LA TABLE DES MATIÈRES.

99955   Paris. — Imp. GAUTHIER-VILLARS, quai des Grands-Augustins, 55.

IMPRIMERIE GAUTHIER-VILLARS
55, QUAI DES GRANDS-AUGUSTINS
PARIS (6ᵉ)   101629-35

www.ingramcontent.com/pod-product-compliance
Lightning Source LLC
Chambersburg PA
CBHW070242200326
41518CB00010B/1659